漫话新材料

江 洪 著

科学出版社

北京

内 容 简 介

新材料是科技创新和产业发展的基础领域，也是与人民生活息息相关的技术领域。本书通过漫画的形式，以深入浅出、通俗易懂的方式，向公众宣传和介绍精彩纷呈又功能奇妙的新材料世界，主要包括 6 个方面：①材料和它的性能——多姿多彩的材料世界；②材料的发展历史——人类社会进步的里程碑；③长盛不衰的金属材料；④旧貌换新颜的非金属材料；⑤千姿百态的高分子材料；⑥取长补短的复合材料。相信读者可以通过本书轻松走进新材料的神奇世界，从而提高对材料科学的认识，普及科学知识，传播科学文化。

本书适合社会大众，特别是非从事科研工作的人员和广大青少年读者阅读参考。

图书在版编目（CIP）数据

漫话新材料/江洪著. —北京：科学出版社，2024.11

ISBN 978-7-03-078398-1

Ⅰ. ①漫⋯　Ⅱ. ①江⋯　Ⅲ. ①材料科学-普及读物　Ⅳ. ①TB3-49

中国国家版本馆 CIP 数据核字（2024）第 076481 号

责任编辑：邵　娜／责任校对：高　嵘
责任印制：彭　超／封面设计：苏　波
装帧设计：苏　波／形象设计：易盼盼
正文绘制：易盼盼／插图绘制：张　飞

科 学 出 版 社 出版

北京东黄城根北街 16 号
邮政编码：100717
http://www.sciencep.com

武汉市首壹印务有限公司印刷
科学出版社发行　各地新华书店经销
*

开本：B5（720×1000）
2024 年 11 月第 一 版　　印张：10
2024 年 11 月第一次印刷　　字数：180 000
定价：**35.00 元**
（如有印装质量问题，我社负责调换）

前言

各位读者朋友，你们好！

习近平总书记指出：加强基础研究，是实现高水平科技自立自强的迫切要求，是建设世界科技强国的必由之路。应对国际科技竞争、实现高水平科技自立自强，推动构建新发展格局、实现高质量发展，迫切需要我们加强基础研究，从源头和底层解决关键技术问题。"漫话科技系列"图书也关注到了基础研究的话题，注意到新材料是经济社会发展的物质基础，是高新技术和高精尖产业发展的先导。发达国家高度重视新材料研发和产业化发展，《中华人民共和国国民经济和社会发展第十四个五年规划和2035年远景目标纲要》对发展包括新材料在内的战略性新兴产业作出了明确部署。材料科学与工程是一门"顶天立地"的学科，既可以研究高精尖领域的学术问题，又可以将成果转化，惠及民生。中国科学院的材料科学技术研究更是有着世界一流水平，所以我们"漫话科技系列"图书的两位主人公：爱学习、爱思考的小武同学和来自中国科学院的学识渊博的科学家韩爷爷进行了一场关于材料科学技术研究的讨论。作为各位读者的老朋友，"漫话科技系列"图书已经出版了4部：《漫话科技最前沿》《漫话科技与生活》《漫话大科学基础设施》和《漫话新能源》，每一个主题都受到了广大读者朋友的喜爱，这次就请大家来听听关于新材料的奇特故事吧！

材料可谓包罗万象，每时每刻都在我们身边，为我们的生活服务，

i

无论是国家的创新发展，还是人们的衣食住行用，到处都有材料科学的用武之地。材料也是一个时代和文明的标志，虽然无法知道我们的祖先在首次熔融铜这一奇特瞬间的观感，但历史学家会把人类历史划分为石器时代、青铜器时代、铁器时代等，已经很好地说明了石器、青铜器、铁器这些材料的兴起和广泛应用，极大地改变了人们的生活和生产方式，因此这些材料被作为划分人类某一个时代的标志。

古代中国曾经对材料科学作出过杰出的贡献。中国古代劳动人民曾经应用炼铜、冶铁技术制造出世界上最精美的青铜器、铸铁器，最早用磁性材料做指南针，最早掌握了漆工艺、造纸、造墨等天然高分子的技术，最早发明瓷器并且将精美的中国瓷器输出到世界各地。今天中国拥有目前全球门类最全、规模最大的材料产业体系。虽然中国是材料大国，但并非材料强国，新材料产业存在原创性、基础性、支撑性薄弱等问题。目前，绿色、低碳成为全球新材料的发展趋势，新材料产业将往融合化、绿色化和集群化方向发展，中国的科学家正在加快科技进步的脚步，实现"新材料·中国造"的宏伟目标。

虽然各种各样的材料时时刻刻都在我们身边，但那些新材料的神奇也往往超出大家的想象：当我们走进多姿多彩的材料缤纷世界，可以感受到那些独特性能构建出了不同材料的独特个性；当我们走进历史漫长的材料科学发展长河，可以体会到那些影响人类发展的材料技术构建起了人类社会进步的里程碑；还有那长盛不衰的金属材料如何变得"身轻如燕"？又如何变成"不坏之身"？旧貌换新颜的非金属材料如何具有高强度、高硬度、耐高温、耐磨损、耐腐蚀等优异性能？千姿百态的高分子材料如何走进人们的日常生活？取长补短的复合材料如何改变了人们对材料的观念？新材料的日新月异助力未来科技发展，助力美丽中国建设，助力"双碳"目标实现。

那么，亲爱的朋友，你是不是已经感受到了材料科学的神奇魅力？是不是迫不及待要了解新材料的奇妙世界？好了，还是来听听我们的老朋友小武同学和科学家韩爷爷聊聊新材料那些事吧！他们将从以下6个方面带领大家认识新材料。这6个方面分别是：①材料和它的性能——多姿多彩的材料世界；②材料的发展历史——人类社会进步的里程碑；③长盛不衰的金属材料；④旧貌换新颜的非金属材料；⑤千姿百态的高分子材料；⑥取长补短的复合材料。

请你做好准备，跟随小武和韩爷爷开启一段快乐的探索神奇新材料的旅程吧！

中国科学院武汉文献情报中心　江洪

2024 年 2 月 20 日

目
录

第一章　材料和它的性能——多姿多彩的材料世界 / 1

第二章　材料的发展历史——人类社会进步的里程碑 / 27

第三章　长盛不衰的金属材料 / 53

第六章　取长补短的复合材料 / 123

第一章

材料和它的性能——多姿多彩的材料世界

1 什么是材料？

韩爷爷，听说人类发展离不开材料科学，那"材料"是什么呀？

噢！这是一个大家似乎都明白，但是又感觉说不清楚的问题，因为不论你生活在哪里，材料都是无处不在的，而且每时每刻都在我们身边，为我们的生活服务。

听起来，材料对人们的生活非常重要，那您说说材料有哪些定义呢？

《不列颠百科全书》（又称《大英百科全书》）对材料的定义为：材料是制造或能制造某物的物质或者是具有特殊品质的物质。

美国国家科学院对材料给予的定义为："材料"是具有可供制造机器、结构、器件、产品等有用性质的物质。

哎呀，这材料到底是什么还不好说清楚呢！

总体来说，材料的科学定义理应包括三大要素：一是物质性，世界是由物质构成的，材料就是人们用来制成各种器件、结构等具有某些特质的物质实体；二是功能性，材料在人们创造物质财富的过程中，至少有点持久性功能，而不是消耗品；三是加工性，材料具有经济的加工性，以利于人们将其加工成型为设计产品。

② 材料的类别

韩爷爷，这材料听起来好像很复杂？

这个概念的确是复杂又抽象。我们说材料是一切科学技术的基础，是人类赖以生存和发展的物质基础，是体现人类社会文明程度的重要标志。

材料是物质，但不是所有物质都可以称为材料，如燃料和化学原料、工业化学品、食物和药物，一般都不算是材料。其实这个定义并不是那么严格，如炸药、固体火箭推进剂，一般称之为"含能材料"，因为它属于火炮或火箭的组成部分。

材料包括哪些类别呢？

说到材料类别也没有一个统一的标准。从物理化学属性来看，可以分为金属材料、无机非金属材料、有机高分子材料和不同类型材料所组成的复合材料。从用途来看，又可以分为电子材料、航空航天材料、核材料、建筑材料、能源材料、生物材料等。

更常见的分类方法是将材料分为结构材料与功能材料。结构材料是以力学性能为基础，以制造受力构件所用的材料；功能材料是指通过光、电、磁、热、化学、生化等作用后具有特定功能的材料。

原来这么复杂呀！

③ 材料科学与工程

韩爷爷，材料对人们的生活那么重要，科学家该如何研究材料呢？

研究材料性能的科学就是材料科学，具体来说是研究材料的组织结构、性质、生产流程和使用效能，以及它们之间的相互关系，是集物理学、化学、冶金学等于一体的科学。

材料科学是一门与工程技术密不可分的应用基础科学。

听说还有研究材料工程的，那又是什么呢？

简单来说，材料科学是研究所有材料的性能，而材料工程是研究所有材料的应用，也就是说材料工程是研究、开发、生产和应用金属材料、无机非金属材料、高分子材料和复合材料的工程领域。

而这两个方面内容对材料的研究都很重要，所以科学家常常把两个方面内容结合在一起研究，称之为材料科学与工程，就是研究有关材料的成分、结构和制造工艺与其性能、使用性能间相互关系的知识及这些知识的应用，以满足人们不断提高的生产生活需要。

4 材料的四个要素

韩爷爷，为什么不同的材料有与众不同的特性呢？

材料的特性是由材料的四个要素决定的，分别是材料的组成与结构、性质或固有性能、使用性能及合成与加工。

您能详细讲讲吗？

组成与结构是指材料的组元种类和分量，以及它们的排列方式和空间布局，材料的组元有原子、分子和离子等，材料组元的排列方式有金属键、离子键、共价键、分子键等。习惯上将前者叫作成分，后者叫作组织结构。

性质或固有性能是指材料对电、磁、光、热、机械载荷等的反应，主要是由材料的组成与结构决定的。使用性能可以叫作服役性能，是指材料在使用状态下表现的行为，它与材料设计、工程环境密切相关。使用性能包括可靠性、耐用性、寿命预测及延寿措施等。合成与加工包括传统的冶炼、铸、制粉、压力加工、焊接等，也包括新发展的真空溅射、气相沉积等新工艺，使人工合成材料如超晶格、薄膜材料成为可能。

原来这四个要素决定了材料的个性呀！

这四个要素之间的关系非常密切，比如材料的组成与结构决定了材料的性质或固有性能，而材料的性质或固有性能对材料的使用性能有着决定性的影响，人们又可以通过合成与加工来改变材料的组成与结构，从而显著影响材料的性质或固有性能。

❺ 化学元素周期表

韩爷爷，材料的原子、分子组成是不是很复杂呀！

给你讲讲化学元素周期表吧。在化学教科书和字典中，都附有一张"元素周期表（ periodic table of the elements）"。这张化学元素周期表揭示了物质世界的秘密，把一些看起来似乎互不相关的元素统一起来，组成了一个完整的自然体系。它的发明，是近代化学史上的一个创举，对促进化学的发展起了巨大的作用。

哦！是谁发明的化学元素周期表呢？

看到这张化学元素周期表，人们便会想到它的最早发明者——门捷列夫。1869年，俄国化学家门捷列夫将当时已知的63种元素依据相对原子质量大小并以表的形式排列，将化学性质相似的元素放在同一纵行，编制出了第一张化学元素周期表。

化学元素周期表揭示了化学元素之间的内在联系，使其构成了一个完整的体系，成为化学发展史上的重要里程碑之一。随着科学的发展，化学元素周期表中未知元素留下的空位先后被填满。

当原子结构的奥秘被发现时，编排依据由相对原子质量改为原子的质子数（核外电子数或核电荷数），形成现行的化学元素周期表。化学元素周期表的意义重大，科学家正是用此来寻找新型元素及化合物。截至2019年，共有118种元素被发现，其中94种存在于地球上。

材料的力学性能、物理性能与化学性能

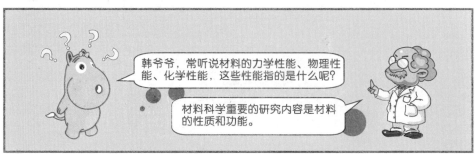

韩爷爷，常听说材料的力学性能、物理性能、化学性能，这些性能指的是什么呢？

材料科学重要的研究内容是材料的性质和功能。

材料的性质是材料本身所具有的特质或者本性，而材料的功能是指人们对材料的某种期待与要求，或者是希望材料可以承担某种功效，以及承担该功效下的表现和能力。材料的力学性能、物理性能、化学性能等都是材料科学家需要研究的。

那您能不能具体讲讲什么是力学性能、物理性能呢？

材料的力学性能包括材料的硬度、韧性、拉伸性能、延展性、耐疲劳性、动态力学性能等。材料的物理性能则包括材料的颜色、熔点、热性能、电性能、磁性能、光学性能、重力性能、声学性能等。

那化学性能呢？

化学性能更为复杂，不同的材料具有不同的化学性能。例如：金属材料的化学性能包括元素组成、微观结构、相结构、晶体尺寸、耐蚀性、杂质等；聚合材料的化学性能包括组成、填料、结晶度、阻燃性、分子量及其分布、立体结构、耐蚀性等。

7　材料的硬度

您能具体讲一下材料的硬度是什么吗？

硬度是指固体对外界物体入侵的局部抵抗能力，是比较各种材料软硬的指标。我们可以通过一个实验来比较不同材料的软硬程度：选一根一端硬一端软的棒，将被测材料沿棒划过，根据出现划痕的位置确定被测材料的软硬。

定性地说，硬物体划出的划痕长，软物体划出的划痕短。比如将金刚石、刚玉、黄玉、石英、长石、磷灰石、萤石、方解石、石膏、滑石十种材料一起比较，其中金刚石最硬、滑石最软。这种测试方法得出的结果又被称为划痕硬度。

哦，太有意思了，还有别的吗？

对于金属材料来说，可以采用压入硬度：就是用一定的载荷将规定的压头压入被测材料，以材料表面局部塑性变形的大小比较被测材料的软硬。由于压头、载荷及载荷持续时间的不同，压入硬度有多种，主要为布氏硬度、洛氏硬度、维氏硬度和显微硬度等。

还有一种测试金属材料硬度的方法，是使一个特制的小锤从一定高度自由下落冲击被测材料的试样，并以试样在冲击过程中储存（继而释放）应变能的多少（通过小锤的回跳高度测定）确定材料的硬度。这种测试方法得出的结果叫作回跳硬度。

8 材料的塑性

您讲到用材料表面塑性变形来测量材料的硬度，那么什么是材料的塑性呢？

塑性和弹性是一对相对应的概念。我们知道，如果对一物体施加外力，物体产生形变，移除外力，发现形变消失，物体恢复原样，这就是弹性，弹性越大的物体，能够承受越大的外力而不发生永久形变。

那么对物体施加外力，当外力较小时，物体发生弹性变形，当外力超过某一数值时，物体将产生不可恢复的形变，这就叫作塑性变形。通常塑性越大的物体，能发生永久形变所需的最小力越小。

哦，原来是这样呀！

我们可以做一个塑性变形的科学实验。实验的目的是观察低碳钢在拉伸和卸载时的应力–应变曲线的变化，测定低碳钢在拉伸–卸载后各阶段的塑性变形量。实验的内容是在拉伸实验前测定低碳钢试件的直径d_0和标距l_0，然后利用实验机缓慢加载拉力，同时绘制出载荷–变形曲线或应力–应变曲线，观察并记录力与变形（应力–应变）曲线的变化。

这是一个有趣的科学实验呀！

对于大多数的工程材料来说，当应力低于比例极限时，应力与应变的关系是线性的。大多数材料在应力低于屈服点时，表现为弹性行为，也就是说，当移走载荷时，其应变也完全消失。塑性好坏可用伸长率δ和断面收缩率ψ表示。

材料的韧性

韩爷爷，您再说说什么是材料的韧性呢?

材料的韧性指的是材料从受力到断裂的过程所吸收的能量。材料的韧性是体现材料强度与塑性的一个综合指标，韧性好的材料有着较高的强度和较好的塑性，可以认为是有着较高的屈服强度的同时又有较高的延展性。

另一个概念是材料的脆性，材料的脆性是和材料的塑性、材料的韧性相反的概念，是指材料在外力的作用下（如拉伸、冲击等）仅产生很小的变形即断裂破坏的性质。脆性结构没有塑性变形能力，当承受的外力超过弹性极限时会突然发生材料的断裂破坏，就是说当抗拉强度低于屈服强度时材料呈现脆性。

那材料的韧性和材料的塑性的区别是什么呢?

材料的韧性和材料的塑性的区别在于材料发生变形时是否考虑所承受的外加应力。材料的韧性实质上仍是材料的塑性，不过是特指使用变形功来表示材料的塑性。

变形功越大，材料的塑性、韧性越好。

原来是这样呀!

11

塑性材料和脆性材料

韩爷爷，不同材料有不一样的硬度、韧性，所以它们的用途是不一样的吗？

是的。给你讲讲两种不同的材料：塑性材料和脆性材料。

在外力的作用下，虽然产生较显著变形但不被破坏的材料，称为塑性材料。相反，在外力作用下发生微小变形即被破坏的材料，称为脆性材料。

这两种材料有什么不同用途呢？

常见的塑性材料有钢、铝、黄铜、橡胶、塑料等，常见的脆性材料有铸铁、石料、玻璃、陶瓷、混凝土等。科学家对这两种材料进行实验研究发现：塑性材料抗拉强度和抗压强度基本相等，而脆性材料的抗压强度是抗拉强度的数倍。

因此，塑性材料一般用来制成受拉杆件，脆性材料一般用来制成受压构件。比如我们常见的斜拉桥就是利用了这两种材料的不同性能，承压的主塔由脆性材料混凝土建造，而承拉的拉索由塑性材料钢索组成，是由承压的塔、受拉的索，以及承弯的梁体组合起来的一种结构体系。

11 材料的密度

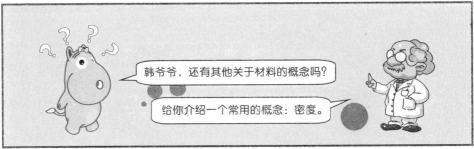

韩爷爷，还有其他关于材料的概念吗？

给你介绍一个常用的概念：密度。

密度是对特定体积内的质量的度量，密度等于物体的质量除以体积，可以用符号ρ表示，国际单位制和中国法定计量单位中，密度的单位为千克每立方米（符号是kg/m³）。水的密度为1.0×10^3千克每立方米，油的密度比水小，所以我们可以看到油会浮在水面上。人体的密度只比水的密度大一点，而海水的密度大于纯水，所以人在海水中比较容易浮起来。

哦！我记得科学老师说过物质的三态（固态、液态、气态）跟密度有关。

一般来说，不论什么物质，也不管它处于什么状态，它的体积或密度会随着温度、压力的变化而发生相应的变化。

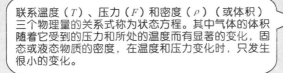

联系温度（T）、压力（F）和密度（ρ）（或体积）三个物理量的关系式称为状态方程。其中气体的体积随着它受到的压力和所处的温度而有显著的变化，固态或液态物质的密度，在温度和压力变化时，只发生很小的变化。

13

材料密度的测定

材料的密度一般是怎么测定的呢？

按照材料体积状态的不同，材料的密度可分为实际密度、表观密度和堆积密度等。

实际密度就是材料在绝对密实状态下的体积计算出来的密度，绝对密实状态下的体积是指不包括孔隙在内的体积。但除了金属材料、花岗岩及玻璃等少数较密实的非金属材料，绝大多数材料都有一定数量的孔隙，在测定有孔隙材料的密度时，应把材料磨成细粉，干燥后用李氏瓶（又称密度瓶）测定其密实体积。

那么表观密度和堆积密度又是什么呢？

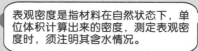

表观密度是指材料在自然状态下，单位体积计算出来的密度，测定表观密度时，须注明其含水情况。

在烘干状态下的表观密度，称为干表观密度。堆积密度（俗称松散容重）是指粉状或粒状材料，在堆积状态下，单位体积计算出来的密度。

13 材料的导热性

韩爷爷，为什么不锈钢杯子、陶瓷杯子倒入同样的开水，不锈钢杯子就会烫手，而陶瓷杯子就好得多呢？

哦，这与不同材料的导热性有关。

导热性是什么呢？

导热又叫作热传导，是两个相互接触且温度不同的物体，或同一物体的各个不同温度部分间，在不发生相对宏观位移的情况下所进行的热量传递过程。

物质传导热量的性能称为物体的导热性。一般来说，密实固体内部和静止流体中的热量传递都是纯导热在起作用。从微观角度看，导热是依靠组成物质的微粒的热运动传递热量的。温度较高部分的微粒有较高的能量，它们和低温部分较低能量的微粒相互作用（碰撞、扩散等）就形成了导热。

导热性也跟材料性质有关吗？

由于材料性质不同，其主要导热机理不同，效果也不一样。一般来说，金属的热导率大于非金属，纯金属的热导率大于合金。物质三态中，固态热导率最大，液态次之，气态最小。因此金属的不锈钢杯子就会比非金属的陶瓷杯子更导热，才会更烫手呀！

材料的热膨胀

韩爷爷，我妈妈蒸馒头的时候，热的馒头比较松软，但冷了之后就变硬了很多，这是为什么呢？

这是热膨胀导致的。

热膨胀通常是指在外压强不变的情况下，大多数物质在温度升高时其体积增大，温度降低时体积缩小。影响材料膨胀性能的主要因素为相变、材料的成分与组织、各异性。

材料为什么有热膨胀呢？

热膨胀是因为当物体温度升高时，分子运动的平均动能增大，分子间的距离也增大，物体的体积随之而扩大；当温度降低物体冷却时，分子运动的平均动能变小，分子间的距离缩短，于是物体的体积就缩小了。

又由于固体、液体和气体分子运动的平均动能大小不同，所以从热膨胀的宏观现象来看也有显著的区别，在相同条件下，气体膨胀最大，液体膨胀次之，固体膨胀最小。因此，工程师在桥梁、道路建设的时候会留有一些缝隙，就是为了解决天气变化引起的材料热膨胀问题。

15 材料的导电性

韩爷爷，我发现电线都是用金属做的，这是为什么呢?

这跟物体的导电性有关。

导电性是什么呢?

物体的导电性就是物体传导电流的能力。固体的导电是指固体中的电子或离子在电场作用下的远程迁移，通常以一种类型的电荷载体为主。比如：电子导体，以电子载流子为主体的导电；离子导电，以离子载流子为主体的导电；混合型导体，其载流子电子和离子兼而有之。

一般来说，金属、半导体、电解质溶液或熔融态电解质和一些非金属都可以导电。非电解质物体导电的能力是由其原子外层自由电子数及其晶体结构决定的，如金属含有大量的自由电子，就容易导电，而大多数非金属自由电子很少，就不容易导电。而各种金属的导电性各不相同，通常银（Ag）的导电性最好，其次是铜（Cu）和金（Au）。

另外，同样是由碳元素组成的石墨和金刚石，石墨导电而金刚石不导电，这是由于它们的晶体结构不同造成的。

原来是这样呀!

16 材料的导磁性

韩爷爷，我看过一个小实验，是用一块磁铁可以吸一串硬币，这个实验的原理是什么呢？

这个实验反映了材料的导磁性。导磁性是指一些材料具有导磁的能力或性质。

导磁性是怎么回事呢？

磁和电是类似的，比如常说的导体就是比较容易导电的物体，也就是电流在流过的时候衰减很小，比如金属铜就是很好的导体。

和导电一样，导磁就是物体对磁场的传导作用，电有电动势，磁有磁动势。磁动势加在能通过磁的物体时，就会导磁了。比如一块磁体上吸附了一个铁钉，那么铁钉末端的磁场强度就会变得很强，就好像铁把磁铁上的磁场传过来了一样！基本原理是导磁物质里有很多不规则的环形电流。一旦加上磁动势后，这些电流就会变得有序一致，就导磁了。

那是不是导电的物体都可以导磁呢？

不是的。比如虽然铜是很好的导体，但是铜是抗磁的物质，也就是磁很难通过铜来传导，对于磁场来讲，铜就是绝缘体。同样的实验用铜来做就会看到，铜对磁场的传播没有任何贡献。

腐蚀

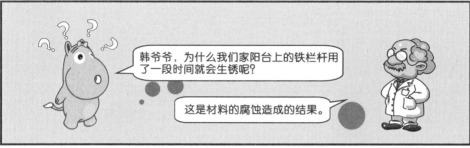

韩爷爷，为什么我们家阳台上的铁栏杆用了一段时间就会生锈呢？

这是材料的腐蚀造成的结果。

腐蚀是指金属或非金属在周围介质（水、空气、酸、碱、盐、溶剂等）作用下产生损耗与破坏的过程，它是物质与环境相互作用而失去它原有的性质的变化，比如金属铁会生锈。腐蚀一般是一个比较长的过程，所以铁栏杆用了一段时间后就生锈了。

那能不能让铁不生锈呢？

产生腐蚀的环境因素包括湿度、温度、氧气、大气污染物等，所以科学家研究出了防锈油漆，就是利用油膜封闭金属表面的气孔达到隔离与氧气接触而有效防止生锈的目的。另外，还可以利用材料腐蚀产生的钝化作用进行更高级的防腐蚀。

利用腐蚀防腐蚀！这更神奇了！

钝化是由于金属与氧化性物质作用时生成一种非常薄的、致密的、覆盖性能良好的、能牢固地吸附在金属表面上的钝化膜。它起着把金属与腐蚀介质完全隔开的作用，从而使金属基本停止溶解形成钝态，达到防腐蚀的目的，比如运输强腐蚀货物的不锈钢舱都要进行钝化处理。

18 材料的工艺性能

韩爷爷，材料四个要素中提到了合成与加工，什么是加工性能呢？

加工性能是指材料适应实际生产工艺要求的能力，或者说是对材料使用某种加工方法或过程，以获得优质制品的可能性或难易程度。

加工性能包括哪些呢？

主要包括以下几个性能：一是铸造性，科学家常用流动性、收缩性来评定材料的铸造性，比如铁的铸造性优于钢，铝合金和铜合金的铸造性优于铁和钢等。

二是锻压性，一般与材料的塑性及其变形抗力有关。在一般情况下，材料的塑性好，变形抗力小，则锻压性也好。低碳钢的锻压性最好，中碳钢次之，高碳钢则更次。低合金钢的锻压性近似于中碳钢，高合金钢的锻压性比碳钢差。

三是焊接性，是金属材料通过加热或加热和加压焊接方法，把两个或两个以上金属材料焊接到一起，接口处能满足使用目的的特性。焊接性能好的材料焊接时不易产生裂纹、气孔等缺陷，且焊接工艺简便，焊缝质量良好。低碳钢就是焊接性能良好的材料。四是切削性，是通过对材料使用某种切削加工方法以获得合格品的可能性或难易程度。五是热处理工艺性能，产品经受不可间断加热、保温、冷却等过程的性能。

金属材料

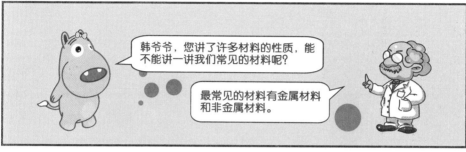

韩爷爷，您讲了许多材料的性质，能不能讲一讲我们常见的材料呢？

最常见的材料有金属材料和非金属材料。

那什么是金属材料呢？

我们常见的钢铁铜铝等都是金属材料。

一般来说，金属材料是指具有光泽、延展性、容易导电、传热等性质的材料，分为黑色金属材料和有色金属材料两种。黑色金属材料又称钢铁材料，包括铁（Fe）、铬（Cr）、锰（Mn）等。其中钢铁是人们最常用的材料之一，也是最基本的结构材料，被称为"工业的骨骼"，迄今为止，钢铁在工业原材料构成中的主导地位还是难以取代的。

那有色金属材料是什么呢？

有色金属材料是指除铁、铬、锰以外的所有金属及其合金，通常分为轻金属、重金属、贵金属、半金属、稀有金属和稀土金属等，有色合金的强度和硬度一般比纯金属高，并且电阻大、电阻温度系数小。

钢和铁

韩爷爷，人们常说钢铁，那么钢和铁有什么区别呢？

钢和铁都是铁碳合金。钢和铁看上去似乎差不多，但它们的"性格"却有较大的区别。

铁有生铁和熟铁之分：生铁性质坚硬而且很脆，既怕锻打又怕轧压，要想把它制成金属物品，需要先把它熔化成铁水，然后倒进模子里来铸造，如铁炉、水管、机器底座、炒菜用的铁锅等，就是用这种办法制作的，因此生铁也叫作铸铁；熟铁性质则韧而不脆，人们常用锻打或拉拔等方法制成各种各样的物品，如锄头、铁丝、铁钩等，熟铁又叫作锻铁。

那钢呢？

钢既有生铁的优点又有熟铁的优点，它硬而韧，又有良好的延展性，可以铸造、锻打、轧压、拉拔、冲压，制成各种各样的物品。

为什么钢和铁会有不同的性质呢？

这是因为它们的含碳量不同。生铁含碳量最多，约为2%~4.2%，而且含硅、硫、磷等杂质，其性质显得硬而脆；熟铁含碳量最少，在0.02%以下，就显得韧性好；而钢的含碳量介于生铁和熟铁之间，大约为0.02%~2.11%，就显得既硬又韧，富有延展性，而且钢的化学成分因为用途不同还有很大变化，如锰钢、镍钢、钒钢等。

21 青铜

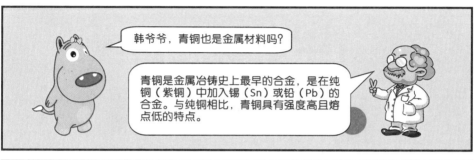

韩爷爷，青铜也是金属材料吗？

青铜是金属冶铸史上最早的合金，是在纯铜（紫铜）中加入锡（Sn）或铅（Pb）的合金。与纯铜相比，青铜具有强度高且熔点低的特点。

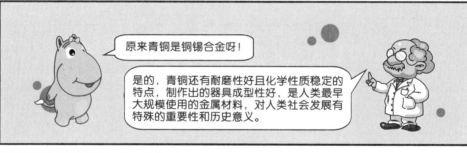

原来青铜是铜锡合金呀！

是的，青铜还有耐磨性好且化学性质稳定的特点，制作出的器具成型性好，是人类最早大规模使用的金属材料，对人类社会发展有特殊的重要性和历史意义。

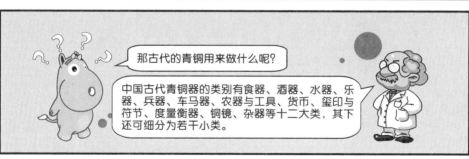

那古代的青铜用来做什么呢？

中国古代青铜器的类别有食器、酒器、水器、乐器、兵器、车马器、农器与工具、货币、玺印与符节、度量衡器、铜镜、杂器等十二大类，其下还可细分为若干小类。

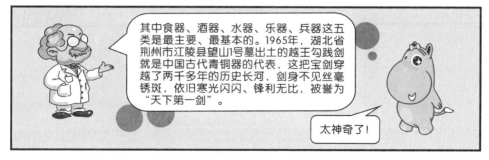

其中食器、酒器、水器、乐器、兵器这五类是最主要、最基本的。1965年，湖北省荆州市江陵县望山1号墓出土的越王勾践剑就是中国古代青铜器的代表，这把宝剑穿越了两千多年的历史长河，剑身不见丝毫锈斑，依旧寒光闪闪、锋利无比，被誉为"天下第一剑"。

太神奇了！

22 非金属材料

韩爷爷，您再讲讲非金属材料吧！

非金属材料通常是指以无机物为主体的玻璃、陶瓷、石墨、岩石，以及以有机物为主体的木材、塑料、橡胶等一类材料。

非金属材料的性质跟金属材料的性质有什么不同呢？

一般来说，非金属材料由晶体或非晶体所组成，无金属光泽，是热和电的不良导体（碳除外）。

一般非金属材料的强度不及金属材料高，机械性能较差，但具有耐高温、抗腐蚀的特性，是化学工业不可缺少的材料。

自19世纪以来，人类以天然的矿物、植物、石油等为原料，制造和合成了许多新型非金属材料，如水泥、人造石墨、特种陶瓷、合成橡胶、合成树脂（如塑料）、合成纤维等。这些非金属材料因具有各种优异的性能，在现代工业中的用途不断扩大，并迅速发展。

23 陶瓷材料

韩爷爷, 陶瓷属于哪种材料呢?

传统陶瓷都是属于无机非金属材料, 它的主要成分是硅酸盐。自然界存在大量天然的硅酸盐, 如岩石、土壤等, 还有许多矿物如云母、滑石、石棉、高岭石等, 它们都属于天然的硅酸盐。

哦。硅酸盐制品的化学成分是什么呢?

硅酸盐制品一般都是以黏土 (高岭土)、石英和长石为原料经高温烧结而成的。黏土的化学组成为 $Al_2O_3 \cdot 2SiO_2 \cdot 2H_2O$, 石英为 SiO_2, 长石为 $K_2O \cdot Al_2O_3 \cdot 6SiO_2$ (钾长石) 或 $Na_2O \cdot Al_2O_3 \cdot 6SiO_2$ (钠长石)。这些原料中都含有 SiO_2, 因此在硅酸盐晶体结构中, 硅与氧的结合是最重要也是最基本的。

硅酸盐材料是一种多相结构物质, 其中含有晶态部分和非晶态部分, 但以晶态为主。硅酸盐晶体中硅氧四面体 $[SiO_4]$ 是硅酸盐结构的基本单元。在硅氧四面体中, 硅原子以 sp^3 杂化轨道与氧原子成键, Si—O键的键长为162皮米 (162皮米 = 1.62×10^{-10}米), 比起Si和O的离子半径之和有所缩短, 故Si—O键的结合是比较强的。

听起来好厉害呀!

此外, 人们为了满足生产和生活的需要, 生产了大量人造硅酸盐, 主要有玻璃、水泥、各种陶瓷、砖瓦、耐火砖、水玻璃, 以及某些分子筛等。硅酸盐制品性质稳定, 熔点较高, 难溶于水, 有很广泛的用途。

24 新材料

韩爷爷，材料家族真是庞大，而且不同的材料还有不同的个性！

随着材料科学的进步，人们还不断地创造出了新材料。

什么是新材料？

新材料是科学家通过物理研究、材料设计、材料加工、试验评价等一系列过程，创造出能满足人们各种需要的新型材料。或者说是新近发展或正在发展的具有优异性能的结构材料和有特殊性质的功能材料。

新材料包括两个方面的含义：一种是运用新概念、新方法和新技术，合成或制备出具有高性能或具有特殊功能的新材料，比如碳纤维就是一种全新概念的新材料；另一种是传统材料的再开发，使其性能获得重大的改造和提高，如纳米改性、稀土改性等。当今新材料的研究热点很多，主要涉及以下领域：电子信息材料、新能源材料、纳米材料、先进复合材料、先进陶瓷材料、生态环境材料、新型功能材料（含高温超导材料、磁性材料、金刚石薄膜、功能高分子材料等）、生物医用材料、高性能结构材料、智能材料、新型建筑及化工新材料等。

新材料真的很神奇！

新材料作为高新技术的基础和先导，应用范围极其广泛，它同信息技术、生物技术一起成为21世纪最重要和最具发展潜力的领域。

第二章

材料的发展历史——人类社会进步的里程碑

① 材料与人类社会发展

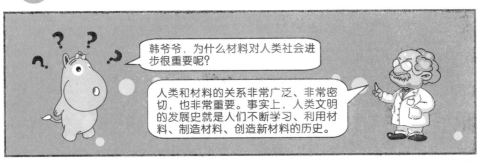

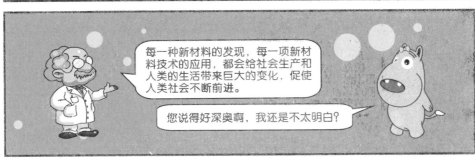

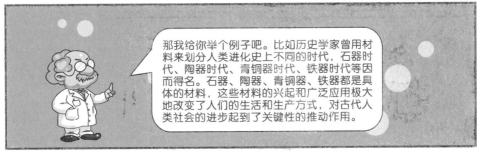

远古的天然材料

韩爷爷，听您说来，人类利用材料的历史跟人类发展的历史一样久远吗？

是的。材料是人类生产生活的物质基础，在远古时代，人类利用的材料都是自然界大量存在的天然材料。

天然材料是指什么呢？

我们这里所说的天然材料是指自然界原来就有未经加工或基本不加工就可以直接使用的材料。

主要包括天然的有机材料，如木材、竹材、草等来自植物界的材料与毛皮、兽角、兽骨等来自动物界的材料，以及天然的无机材料，如大理石、花岗岩、黏土等，也有很少量的天然的金属材料，几乎只有自然金。

哦，这些材料在远古时代就开始被人类利用了？

对，这些材料的特点是：一方面自然界中大量存在，人们可以直接从自然界中获取；另一方面这些材料只需要经过比较简单的加工就可以被人类所利用。

典型的天然材料——石器

韩爷爷，常听说石器时代，那石器是不是远古人类利用的重要天然材料呢？

是的。石器是指以岩石为原料制作的工具，它是人类最初的主要生产工具，盛行于人类历史的初期阶段。从人类出现直到青铜器出现前，共经历了二三百万年，属于原始社会时期。

根据不同的发展阶段，又可以分为旧石器时代和新石器时代，也有人将新、旧石器时代之间划出一个过渡的中石器时代。

二三百万年呀！好长的历史！

是呀！因为原始人类的生产力极端低下，所以当时人类社会也发展缓慢。旧石器时代使用打制石器，这种石器是利用石块打击而成的石核或打下的石片，加工成一定形状的石器，种类有砍砸器、刮削器、尖状器等。旧石器时代早期的石器比较简陋，形状不规则，一件石器有很多用途。后来石器的打制技术不断提高，加工逐渐精细。

到了旧石器时代的晚期，石器已经出现了穿孔和磨光技术。新石器时代盛行磨制石器，这种石器先用石材打成或琢成适当形状，然后在砥石上研磨加工而成，种类很多，常见的有斧、凿、刀、镰、犁、矛、镞等。精磨的石器有的可呈镜面状。

石器发展历史真的很神奇啊！

4 周口店北京人遗址

韩爷爷，您讲讲我们中国石器时代的历史吧！

说到中国石器时代的历史，就给你讲讲著名的世界文化遗产——周口店北京人遗址。

北京人遗址！是早就听说过的北京猿人吗？

准确的说法应该是周口店北京人遗址。遗址位于北京西南42公里（1公里=1千米）处，其科学考察工作仍在进行中。周口店北京人遗址是有关远古时期亚洲大陆人类社会的一个罕见的历史证据。

那考古学家都发现了什么呢？

考古学家先后发现不同时期的各类化石和文化遗物地点27处，出土了人类化石200余件、石器10多万件，以及大量的用火遗迹和上百种动物化石。其中有牙齿化石、头盖骨、顶骨、锁骨、眉脊骨、股骨、上颌骨、下颌骨等，以及服饰品、石器、骨角器和一些有孔的兽牙，海钳壳和磨光的石珠，还有烧骨、烧石、灰烬和紫荆木炭等。

这里发现的石制品原料基本为脉石英，另有水晶、燧石、白云岩、细砂岩等，石制品类型包括石核、石片、刮削器、尖状器、砍砸器、断块、断片、碎屑等，大中型动物骨骼标本，包括硕猕猴、肿骨大角鹿、葛氏斑鹿、马鹿、梅花鹿、野猪、犀牛、三门马、鬣狗等，另外还出土了啮齿类、鸟类等小型动物化石。

哇，这么多发现呀！

⑤ **丁村遗址**

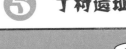

韩爷爷，我们中国有很古老的历史，应该还有很多石器时代的考古发现吧！

是呀。再跟你说说丁村遗址。丁村遗址位于山西省临汾市襄汾县城丁村附近的汾河河畔，是新中国成立以后在北京市房山区周口店以外地区发现的首个大型旧石器时代遗址，它因发现介于北京猿人和现代人之间的"丁村人"而备受关注。

丁村遗址！这个没听说过，有什么特别意义吗？

丁村遗址是一处丰富的旧石器时代遗址，填补了中国40万年至1.2万余年间的古人类发掘空白。丁村遗址发现了古人类打制石器的现场，对研究丁村远古人类对石器原料的选取，以及复原打制技术和石器制作流程等具有重要意义。

那都有哪些发现呢？

丁村遗址的范围南北长11千米，东西宽5千米。

2015年，山西省考古研究所在丁村遗址发现了2处古人类打制石器的现场，其中一处集中分布着100余件石片、石核及大量碎屑；另一处有400余件石制品，分布于顶部土层之下0.2米至1.5米处，多为直径在20厘米至50厘米的角页岩砾石和少量经过风化的花岗片麻岩砾石，靠近沟边部分排列紧密整齐，外围部分分布稀疏，其间分布有数量众多的打制石片。

⑤ 陶器

韩爷爷，远古的天然材料后来又是怎样进化的呢？

这就要说到陶器了。陶器是用黏土或陶土经捏制成形后烧制而成的器具。

陶器历史悠久，在一万多年前的新石器时代就已初见简单粗糙的陶器。陶器的发明是人类利用化学变化改变天然性质的开端，是人类社会由旧石器时代发展到新石器时代的标志之一。

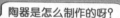
陶器是怎么制作的呀？

从制作工艺来说，陶器是用黏土成型、干燥后放在窑内烧制而成的，为多孔、不透明的非玻璃质，通常上釉，也有不上釉的。新石器时代的陶器通常呈黄褐色，也有涂上别的颜色或彩色花纹的。直到现在，我们生活中仍然使用陶器作为日常用品或者艺术品。

就是说陶器不仅仅是天然材料，而且是要经过人们加工出来的材料！

是的。郭沫若先生在《中国史稿》中写道："陶器的出现是人类在向自然界斗争中的一项划时代的发明创造。"

中国悠久的古代陶器历史

韩爷爷，陶器在中国也有很古老的历史，对吗？

是的。我国江西省万年县仙人洞遗址和湖南省道县玉蟾岩遗址出土了14000年前的陶片，2012年考古学家又把陶片测年时间追溯到20000年前。现在把12000年以前的时期又叫作先陶时期。

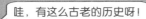

哇，有这么古老的历史呀！

还有一些著名的考古发现都表明，中国的先民们很早就掌握了陶器的制作技术，并且取得了辉煌的成就，比如著名的龙山文化、齐家文化、大汶口文化、屈家岭文化、河姆渡文化等，都有各具特色的陶器出土，说明当时先民们已经掌握了一定的陶器制作技术。

到了夏代，陶器制作一般都较规整，质量较好。泥质陶常做饮食器，夹砂陶多为炊器。商代还出现一种模仿青铜器的白陶，制作精细考究，是人类文化史上罕见的美妙绝伦的工艺品。西周开始制作陶瓦用于建筑房屋，到了战国时期，空心砖、水管道等陶质建筑材料已屡见不鲜。

听说"秦砖汉瓦"是很精美的陶器，对吗？

是的。秦汉时期的陶器主要为硬陶，以陶砖、陶瓦和瓦当为主，制作工艺精美，故有"秦砖汉瓦"之说。汉代出现了在釉中加铅的技术。铅能使陶器的釉面光滑度和平整度增加，还能使铁、铜等着色剂呈现美丽的绿、黄、褐等颜色。

8 中国黄淮流域的陶器考古发现

您说的一些著名的考古发现展现了中国古代陶器制作技术，能不能给我讲详细一点呢？

那先讲讲龙山文化吧。龙山文化早期主要分布在关中、晋南、豫西一带，晚期主要分布于河南省和河北省的南部。

这里发现的陶器材料以灰陶为主，也有少量红陶、黑陶、蛋壳陶，烧制这样的陶器温度为1000摄氏度左右。器型有杯、盘、碗、盆、罐、鼎、甑（zèng）、鬲（gé）、鬶（guī）等。彩陶很少，常见纹饰有篮纹、绳纹、方格纹、附加堆纹等。

还有其他的考古发现吗？

再说说齐家文化和大汶口文化吧。齐家文化主要分布于甘肃省、青海省、宁夏回族自治区等地。它以泥质、加砂红陶为主，烧制温度为800~1100摄氏度。器型有杯、盘、碗、盆、罐、豆、盉（hé）、斝（jiǎ）、鬲、甑等。陶器装饰有篮纹、绳纹、划纹、弦纹、锥刺纹等，以黑陶彩绘为主，图案对称规整。

大汶口文化分布于山东省、江苏省北部、河南省东部、安徽省东北部。早期以红陶为主，晚期灰、黑比例上升，并出现白陶、蛋壳陶。烧制温度为900~1000摄氏度。器型有鼎、鬶、盉、豆、单耳杯、觚形杯、高领罐、背水壶等。陶器，纹饰有划纹、弦纹、篮纹、圆圈纹、三角印纹、镂孔等。彩陶较少但富有特色，彩色有红、黑、白三种，纹样有圈点、几何、花叶等。

中国长江流域的陶器考古发现

前面讲的主要是中国黄淮流域的陶器考古发现，还有屈家岭文化、河姆渡文化能不能也给我详细讲讲呢？

好的。屈家岭文化主要分布于长江中游江汉地区。早期以黑陶为主，晚期以灰陶为主，少量红陶。陶器烧制温度为900摄氏度左右。

器型有高圈足杯、三足杯、圈足碗、长颈圈足壶、折盘豆、盂（yú）、扁凿形足鼎、甑、釜、缸等，其中蛋壳彩陶杯、碗最具代表性。陶器大部分素面，少量饰以弦纹、浅篮纹、刻划纹、镂孔等。部分彩陶及彩绘陶有黑、灰、褐等色彩，纹样以点、线状几何纹为主。

还有河姆渡文化呢？

河姆渡文化，是指我国长江流域下游以南地区古老而多姿的新石器时代（距今约7000年）文化。黑陶是河姆渡陶器的一大特色，少量加砂、泥质灰陶，均为手制，烧制温度为800～930摄氏度。器型有釜、罐、杯、盘、钵、盆、缸、盂、灶、器盖、支座等。

器表常有绳纹、刻划纹。还有一些彩绘陶，绘以咖啡色、黑褐色的变体植物纹。

看来我国古代很多地方的先民们都掌握了陶的制作技术，真是了不起呀！

 瓷器

 除了陶器以外，瓷器也是中国人发明的重要材料！

瓷器？什么是瓷器呢？

 凡是用瓷土烧制而成的器物就叫瓷器。但当今对瓷器的具体定义，一般人认为，必须具备以下几点才能称之为瓷器。第一，瓷器的胎料必须是瓷土的。瓷土的成分主要是高岭土和化妆土，并含有长石、石英石和莫来石成分，含铁量低，经过高温烧制之后，胎色白，具有透明或半透明性，胎体吸水率不足1%，或不吸水。

 第二，瓷器的胎体必须经过1200~1300摄氏度的高温焙烧，才能具备瓷器的物理性能。各地瓷土不同，烧制温度也有差异，要以烧结为准。第三，瓷器表面所施的釉，必须是在高温下和瓷器一道烧成玻璃质釉。

原来是这样呀！

从材料科学的角度来说，陶器和瓷器都是非金属无机材料，陶瓷主要的化学成分是氧化物，如氧化铝、氧化硅、氧化锆等，具有高熔点、高硬度和抗化学腐蚀等特性，是理想的结构材料。

11 辉煌的瓷器之国

韩爷爷，是中国人发明了瓷器吗？

是呀！中国是瓷器的故乡，瓷器的发明是中华民族对世界文明的伟大贡献，在英文中瓷器（china）与中国（China）同为一词。

中国瓷器是从陶器发展演变而成的，原始瓷器起源于3000多年前。至宋代时，烧瓷技术完全成熟，瓷器的胎质、釉料和制作等技术达到新高度，当时的汝窑、官窑、哥窑、钧窑和定窑并称为宋代五大名窑，享誉世界。

我国瓷器釉彩的发展，是从无釉到有釉，又由单色釉到多色釉，然后再由釉下彩到釉上彩，并逐步发展成釉下与釉上合绘的五彩。伴随着中国瓷器的外销，中国以"瓷国"享誉于世。唐五代至宋初年间，中国的陶瓷出口达到一个高潮，外销直达日本及东南亚各国，或出马六甲海峡，经印度、巴基斯坦到达波斯湾，甚至可达更远的非洲。宋元至明初是中国瓷器输出的第二个阶段，外销的国家到达东北亚、东南亚的全部国家，南亚和西亚的大部分国家，非洲东海岸各国及内陆的津巴布韦等国家。

中国瓷器真是了不起！

明代中晚期至清初是中国瓷器外销的黄金时期，中国瓷器通过海路行销全世界，成为世界性的商品，对人类发展起到了积极作用。

青铜器时代和铁器时代

韩爷爷，金属材料是不是对人类发展也有重要作用呢?

是的。人类文明的发展和社会的进步同金属材料关系十分密切。继石器时代之后出现的青铜器时代、铁器时代，均以金属材料的应用为其时代的显著标志。

青铜器时代和铁器时代是什么?

青铜器时代处于铜石并用时代之后，早于铁器时代，从世界范围来看：在伊朗西部最早发现了9000年前的天然铜制品，最早的矿物冶铜制品发现于西亚的伊朗，距今约7000~6000年。

希腊克里特岛有距今5500年的铜锭，一般认为西亚已于5500年前进入了青铜器时代。而中国青铜器形成于龙山时代，距今4500~4000年，鼎盛期始于公元前2000年左右，包括夏、商、西周、春秋及战国早期，延续时间约1600余年。

那么铁器时代呢?

铁器时代是人类发展史中一个极为重要的时代。人们最早知道的铁是陨石中的铁，古代埃及人称之为神物，并且曾用这种天然铁制作过刀刃和饰物。地球上的天然铁是少见的，所以铁的冶炼和铁器的制造经历了一个很长的时期。当人们在冶炼青铜的基础上逐渐掌握了冶炼铁的技术之后，铁器时代就到来了。

原来如此呀!

13 有影响的青铜文物——商后母戊鼎

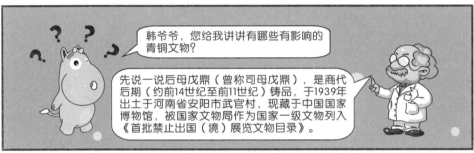

韩爷爷，您给我讲讲有哪些有影响的青铜文物?

先说一说后母戊鼎（曾称司母戊鼎），是商代后期（约前14世纪至前11世纪）铸品，于1939年出土于河南省安阳市武官村，现藏于中国国家博物馆，被国家文物局作为国家一级文物列入《首批禁止出国（境）展览文物目录》。

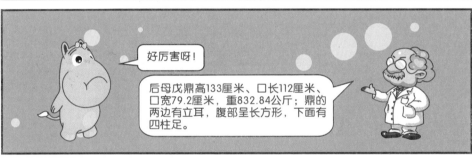

好厉害呀!

后母戊鼎高133厘米、口长112厘米、口宽79.2厘米，重832.84公斤；鼎的两边有立耳，腹部呈长方形，下面有四柱足。

鼎器身与四足是整体铸造的，鼎耳则是在鼎身铸成之后再装范浇铸而成，形制巨大，雄伟庄严，工艺精巧；鼎身四周铸有精巧的盘龙纹和饕餮纹，足上铸有蝉纹，图案表现蝉体，线条清晰，腹内壁铸有"后母戊"三个字。后母戊鼎是已知中国古代最重的青铜器；后母戊鼎的铸造，充分说明商代后期的青铜铸造不仅规模宏大，而且组织严密，分工细致，足以代表高度发达的商代青铜文化。

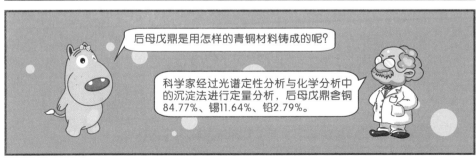

后母戊鼎是用怎样的青铜材料铸成的呢?

科学家经过光谱定性分析与化学分析中的沉淀法进行定量分析，后母戊鼎含铜84.77%、锡11.64%、铅2.79%。

有影响的青铜文物——战国曾侯乙编钟

青铜文物好有意思呀，您再给我讲讲其他有影响的青铜文物吧！

再说一说曾侯乙编钟吧。曾侯乙编钟于1978年出土于湖北省随州市的曾侯乙墓，是至今世界上已发现的最雄伟、最庞大的乐器，被誉为古代世界的"第八大奇迹"。现收藏于湖北省武汉市东湖之滨的湖北省博物馆，也被国家文物局作为国家一级文物列入《首批禁止出国（境）展览文物目录》。

古代世界的"第八大奇迹"呀！真了不起！

此套编钟共计65件，分3层8组悬挂在钟架上：上层3组为钮钟，19件，立柱是圆木；中层3组为甬钟，33件，分短枚、无枚、长枚三式；下层为两组大型长枚甬钟，12件，另有大镈钟1件。

中、下两层的立柱，每层都为3个铜质佩剑武士。钟笋、钟钩、钟体共有铭文3755字，内容有编号、铭记、标音及乐律。

这么复杂的乐器呀！

全套曾侯乙编钟高265厘米、宽335厘米，架长748厘米，最大者通高153.4厘米，重203.6公斤，最小者通高20.4厘米，重2.4公斤。钟体总重2567公斤，加上钟架（含挂钩）铜质部分，合计4421.48公斤。钟架是可以拆装的，钟架及挂钩（含可以拆装的构件）达246个。

太厉害了吧！

15 有影响的青铜文物——三星堆青铜文物

韩爷爷，前段时间看电视上面说，在三星堆遗址又发现了一些青铜文物，您给我讲讲吧！

三星堆遗址位于四川省德阳市广汉市，发现于20世纪20年代末，是迄今我国西南地区发现的分布范围最广、延续时间最长、文化内涵最丰富的古文化遗址，其文化堆积距今约4500～2800年，面积达12平方公里。

1986年，三星堆出土了青铜大立人像、青铜神树、青铜面具、金面罩、金杖、象牙等上千件珍贵文物，其年代为商代晚期（距今3250～3100年），所揭示的是一种独特的青铜文化并引起轰动，被认为是20世纪最伟大的考古发现之一。

众多青铜造像铸造精美、形态各异。比如3件著名的"千里眼、顺风耳"造型，它们不仅体型庞大，而且眼球明显突出眼眶，双耳更是极尽夸张，长大似兽耳，大嘴亦阔至耳根，有的唇吻呈现三重嘴角上翘的微笑状；出土的青铜神树称得上是一件绝无仅有极其奇妙的器物，青铜神树分为3层，树枝上共栖息着9只神鸟，显然是"九日居下枝"的写照。

真神奇呀！

三星堆青铜器以其独特的文化艺术价值举世闻名，堪称世界青铜文化的杰出代表之一。真是"沉睡三千年，一醒惊天下"呀！

16 青铜器的铸造

韩爷爷，您说说青铜器是怎么铸造的吧？

中国古代青铜器的铸造有块范法和失蜡法两种基本的方法，此外还有分铸法、焊接法等工艺。

什么是块范法？

块范法或称土范法，是商周先民最先采用的，也是整个青铜器时代中应用最广泛的青铜器铸造法。其步骤包括：第一步制模，选用陶、木、竹、骨、石等质料制作模型；第二步制范，选用和制备适当的泥料敷在模型外面，脱出用来形成铸件外廓的铸型组成部分。

第三步浇注，在范预热准备好后，将熔化的铜液（1100～1200摄氏度为宜）注入浇口，待铜液凝固冷却后，即可去范、芯，取出铸件；第四步整理，去掉陶范后的铸件还要经过锤击、锯挫、錾凿等多道工序来进行修整，以消除多余的铜块、毛刺、飞边。

那什么是失蜡法呢？

失蜡法是指用容易熔化的材料，比如用黄蜡（蜂蜡）、动物油（牛油）等制成所铸器物的蜡模。首先用细泥浆在蜡模表面浇淋一遍，使蜡模表面形成一层泥壳；然后在泥壳表面涂上耐火材料，待其慢慢硬化就做成了铸型；最后再用高温烘烤此型模，使蜡油不耐高温熔化流出铸型，从而形成空的型腔，趁其型腔是高温状态，再向型腔内浇铸铜液，凝固冷却后出器。这样制得的器物无范痕，光洁精密。

铁器

韩爷爷，再说说铁器吧?

好! 铁器是以铁矿石冶炼加工制成的器物。铁器的出现使人类历史取得了划时代的进步。

铁器是什么时候出现的呢?

世界上出土的现存最古老的冶炼铁器是土耳其（安纳托利亚）北部赫梯先民墓葬中出土的铜柄铁刃匕首，由天然陨铁加热打磨而成，距今约4500年。而在中国发现的最古老人工冶炼铁器，是甘肃省临潭县磨沟寺洼文化墓葬出土的两块铁条，距今3510～3310年。

那铁器为啥会大大促进人类历史的进步呢?

人们由利用陨铁到学会人工冶铁，经过了漫长的历史过程。从材料性能来说，铁碳合金的硬度大于各种铜合金，铁的冶炼温度比铜更高，所以需要更高的冶炼技术。

因为铁的价格便宜，铁的耐磨性能高于青铜，铁制农具更加耐用，更容易大面积推广应用，所以在冶铁技术逐渐成熟后，铁制农具迅速占领了生产材料市场，对农业生产有更大的促进作用。另外铁的密度比铜小，强度和硬度比铜高，铁制盔甲比铜制盔甲轻得多，增加了战士的灵活性，同时铁制兵器也比铜制兵器锋利、耐用。因此，铁制武器装备大大提高了军队的战斗力，从而迅速占领了军备材料市场。

18 中国古代铸铁技术

韩爷爷，您说说中国古代的铸铁技术吧？

有不少学者将铸铁技术称为我国古代的第五大发明。中国冶炼块铁的起始年代虽然晚于西亚，但在世界上最早发明了铸铁技术。

一方面高水平的制陶业使中国人最早掌握了气氛控制，另一方面从夏代至西周1500年的连续高度发达的冶铜业，使得中国人具有了提高炉温的丰富经验，特别是向炉内鼓风的技术。中国从块铁到铸铁发明的过渡只用了约一个世纪的时间，西方则花费了近3000年的漫长过程。由于铸铁的性能远高于块铁，所以真正的铁器时代是从铸铁诞生后开始的。

我们的铸铁技术原来也是世界领先的呀！

不仅如此，战国时期出现了铸铁柔化术，到了汉代铸铁柔化术又有新的突破，形成了铸铁脱碳钢的生产工艺。

到了西汉后期，由生铁加工成钢或熟铁的炒钢工艺更加成熟，操作简便，原料易得，可以连续大规模生产，效率高，所得钢材或熟铁的质量高，可以由生铁经热处理直接生产低、中、高碳的各种钢材，中国从此成为当时世界上的先进钢铁生产国。类似的技术在欧洲直至18世纪中叶才由英国人发明。

原来中国古代铸铁技术如此厉害呀！

⑲ 著名的铸铁文物

韩爷爷，中国有哪些比较著名的铸铁文物呢？

先说说沧州铁狮子，又称"镇海吼"，位于河北省沧州市东南郊，于后周广顺三年（公元953年）铸成。沧州铁狮子身长6.264米，体宽2.981米，通高5.47米，重约32吨，是国务院公布的第一批全国重点文物保护单位。

1000多年前就可以铸造这么大的铁狮子呀！还有其他文物吗？

再说说湖北当阳铁塔，铁塔位于湖北省当阳市玉泉寺山门外。据塔身铭文记载建于北宋嘉祐六年（公元1061年），铁塔共由44块铸件组成，塔为八角形仿木结构，外为铁壳，内为砖墙，塔心中空。

底座和塔壁铸有花纹和仪态不同的大小佛像，基座八角各立一金刚武士。经取样化验，铁塔的化学成分为：3.66%碳，0.05%硅，0.05%锰，0.022%硫，0.29%磷。

好厉害呀！

还有山西晋祠铁人，它于北宋绍圣四年（公元1097年）铸造。铁人造型雄健英武，铠甲鲜明，胸腹膝腿等处铸有清晰的文字，全身不见铸造披缝，估计是用传统失蜡法铸造。铁人露天放置，经历了900多年的风霜雨雪，仍晶莹明亮。同时该祠内尚有同时代的铸铁狮兽多尊，也未生锈，可见当时冶铸技术已具有很高水平。

⑳ 钟表匠和坩埚

韩爷爷，从古代的铸铁技术到现代的炼钢技术，发展过程中有什么样有趣的故事呢？

我跟你讲讲钟表匠和坩埚吧！

1750年，英格兰的钟表匠本杰明·亨茨曼想进一步提高钟表的质量，做出最好的钟表，但是当时用来制作钟表的核心部件——发条的钢材性能不过关，这大大影响了钟表的质量。这可怎么办？好的钢材又到哪里去找呢？为了制造更好的钟表发条，亨茨曼决定自己尝试炼制少量的优质钢。

他对各种铁矿石进行了实验，并测试了不同的冶炼方法。最终他对古老的黏土坩埚进行了改进，一是用热值更高的煤炭代替木炭作为燃料，而且他不是将燃料放入坩埚内，而是将铁和碳的混合物放在煤上面进行加热。

结果他制造的铁锭更均匀、更坚固、更不易碎，这是欧洲当时所见过的最好的钢铁。后来大家都开始效仿他的做法，到了1770年，英格兰的谢菲尔德成为整个英国钢铁制造业的支柱。到了1840年前后，整个英国普及了这项技术。

原来钢铁技术发展还有这样的故事啊！

美国钢铁大王

韩爷爷，美国曾经是钢铁工业发展的中心，是吗？

说到美国就得讲到美国钢铁大王安德鲁·卡内基的故事。他是苏格兰移民，出身贫困，12岁定居在美国匹兹堡的贫民区，但他具有灵活的商业头脑，工作努力勤快，得到了宾夕法尼亚铁路公司的一位高级官员的赏识。

1865年，30岁的卡内基已经拥有桥梁建筑公司、铁路工厂、机车工厂和铁厂的股份。他将新的钢铁生产工艺（贝塞麦炼钢法）带到了美国，并生产出了桥梁需要的更耐用的钢。他在宾夕法尼亚州霍姆斯特德建立了一家钢铁厂，为建造摩天大楼生产新型建筑合金。1889年，卡内基将他拥有的钢铁厂合并成立了著名的卡内基钢铁公司，这时卡内基钢铁公司的产量几乎占全英国的一半。

这很了不起呀！

但是卡内基为了降低制造成本，给工人们的工资很低，而且钢铁厂经常发生事故，导致公司与工人关系紧张并爆发了工人罢工。

同时钢铁厂带来了严重的空气污染，当时匹兹堡这座钢铁工业城市的环境是雾霾密布、遮天蔽日，市区内常年见不到阳光，整座城市都受到了严重污染，被称为"一个掀了盖的地狱"。

原来钢铁工业发展也有很大问题呀！

22 不锈钢的发明

钢铁工业中还有哪些有趣的故事呀！

那就说说不锈钢的发明和使用。那是第一次世界大战时期，英国前线的枪支总是因枪膛磨损不能使用而运回后方，军工生产部门要求冶金专家亨利·布雷尔利研制高强度耐磨合金钢，专门解决枪膛的磨损问题。

布雷尔利与其助手搜集了全世界各种型号、性质不同的合金钢进行性能实验，以便选出较为适用的钢材制成枪支。他们测试了一种含大量铬的合金钢的耐磨性能，发现这种合金并不耐磨，说明不能制造枪支。于是，他们记录下实验结果，往墙角一扔了事。几个月后，一位助手发现这块钢材没有生锈变暗，仍然是铿光瓦亮，就提醒布雷尔利测试一下看它到底有什么特殊作用！

实验结果证明：它是一块不怕酸、碱、盐的不锈钢。原来这种不锈钢是德国的毛拉在1912年发明的，但毛拉并不知道这种不锈钢有什么用途。布雷尔利心里盘算"这种不耐磨却耐腐蚀的钢材，不能制作枪支，是否可以做餐具呢？"说干就干，他动手制作了不锈钢的水果刀、叉、勺、果盘及折叠刀等。

后来，他于1916年取得英国专利并开始大量生产，自此，从垃圾堆中偶然发现的不锈钢便风靡全球，布雷尔利也被誉为"不锈钢之父"。

太有趣了！

材料的现在与未来

韩爷爷，说了那么多材料的过去，您也给我讲讲材料的现在和将来吧！

材料是人类文明的基石，从石器时代到信息化时代，材料的每一次创新应用，都极大地推动了人类社会的发展，每一个工业强国的崛起，都依赖于雄厚的材料工业作为支撑！

如果说青铜器和铁器迎来了农业社会，钢铁促进了工业社会，那么现代的新材料则造就了现代的信息社会。

新材料对国家未来发展很重要吗？

21世纪以来，以欧美为首的西方国家较早意识到新材料产业的重要性，提前出台计划布局新材料领域，推动新材料研发模式不断变革，占据了世界领先地位。

而中国只在部分金属材料、前沿新材料等领域有一定发展优势，还处于高速发展的第二梯队！目前，绿色、低碳已成为全球新材料的发展趋势，新材料产业将往融合化、绿色化和集群化方向发展，中国的科学家正在加快科技进步的脚步，实现"新材料·中国造"的宏伟目标。

第三章

长盛不衰的金属材料

① 合金

韩爷爷，您能讲讲与金属材料有关的新材料吗？

好吧，先讲一下"合金"。合金是由两种或两种以上的金属与金属或非金属经一定方法所合成的具有金属特性的物质。

一般是经过混合熔化，冷却凝固后得到的固体产物。合金中组成成分的结构和性质对合金的性能起决定性的作用。同时，合金中成分的相对数量，各成分的晶粒大小、形状和分布的变化，对合金的性能也产生很大的影响。因此，利用各种元素的结合以形成各种不同的合金成分，再经过合适的处理就可以满足各种不同的性能要求。

哦！合金就是几种金属混合在一起的混合物吧！

合金不是一般概念上的混合物，它甚至可以是纯净物，如单一相的金属互化物合金，所添加合金元素可以形成固溶体、化合物，并产生吸热或放热反应，从而改变金属基体的性质。

由于合金与单质中的原子排列有很大差异，所以合金常会改善元素单质的性质，例如，钢的强度大于其主要组成元素铁。合金的物理性质，例如密度、反应性、杨氏模量、导电性和导热性可能与合金的组成元素尚有类似之处，但是合金的抗拉强度和抗剪强度通常与组成元素的性质有很大不同。

航空材料铝合金

韩爷爷，合金真是神奇的新材料，您讲讲都有哪些与我们生活有关？

工业上应用的合金种类数以千计，我简要地介绍其中几大类吧。

首先说一下铝合金，铝（Al）是地球上分布较广的元素，在地壳中含量仅次于氧和硅，是金属中含量最高的。纯铝密度较低，为2.7克每立方厘米（g/cm³），有良好的导热、导电性，延展性好、塑性高，可进行各种机械加工。铝的化学性质活泼，可以在空气中迅速氧化，形成一层致密、牢固的氧化膜，因而具有良好的耐蚀性。但纯铝的强度低，只有通过合金化才能得到可作结构材料使用的各种铝合金。

哦，铝合金有什么特点与性质呢？

铝合金的突出特点是密度小、强度高。铝中加入锰、镁（Mg）形成的铝锰（Al-Mn）、铝镁（Al-Mg）合金具有很好的耐蚀性、良好的塑性和较高的强度，因此被称为防锈铝合金。

铝铜镁（Al-Cu-Mg）合金和铝铜镁锌（Al-Cu-Mg-Zn）合金均属于硬铝合金，其强度较防锈铝合金高，但耐蚀性有所下降。新近开发的高强度硬铝，其强度进一步提高，而密度比普通硬铝减小15%，且能挤压成型，可用作摩托车骨架和轮圈等构件。铝锂（Al-Li）合金可制作飞机零件和承受载重的高级运动器材。高强度铝合金用得最多的地方就是制造飞机，所以被称为航空材料。

⑤ 电工材料铜合金

韩爷爷，讲讲铜合金吧？

铜合金是以纯铜为基体加入一种或几种其他元素所构成的合金。纯铜呈紫红色，故又称紫铜，有极好的导热、导电性。铜具有优良的化学稳定性和耐蚀性，是优良的电工用金属材料。常用的铜合金分为黄铜、青铜、白铜三大类。

哦，铜合金有什么特点与性质呢？

铜与锌（Zn）的合金称为黄铜，其中铜占60%～90%、锌占10%～40%，有优良的导热性和耐蚀性，可用作各种仪器零件。

在黄铜中加入少量锡，称为海军黄铜，具有很好的抗海水腐蚀的能力。在黄铜中加入少量的有润滑作用的铅，可用作滑动轴承材料。青铜是人类使用历史最久的金属材料，它是铜锡（Cu-Sn）合金。锡的加入明显地提高了铜的强度，并使其塑性得到改善，抗腐蚀性增强，因此锡青铜常用于制造齿轮等耐磨零部件和耐蚀配件。

因为锡比较贵，所以现在大多用铝、硅、锰等来代替。铝青铜的耐蚀性比锡青铜还好。铍（Be）青铜是强度最高的铜合金，它无磁性又有优异的抗腐蚀性能，是可与钢相竞争的弹簧材料。白铜是铜镍（Cu-Ni）合金，有优异的耐蚀性和很高的电阻，故可用作苛刻腐蚀条件下工作的零部件和电阻器的材料。

易熔易焊锌合金

韩爷爷，讲讲锌合金吧？

锌合金是以锌为基础并加入其他元素组成的合金。常加的合金元素有铝、铜、镁、镉（Cd）、铅、钛（Ti）等。

锌合金熔点低，流动性好，易熔焊、钎焊和塑性加工，在大气中耐腐蚀，残废料便于回收和重熔；但蠕变强度低，易发生自然时效引起尺寸变化。按制造工艺可以分为铸造锌合金和变形锌合金。

这两种锌合金有什么特点和性质呢？

铸造锌合金是以锌为基础，添加元素有铝、铜和镁等。铸造锌合金流动性和耐蚀性较好，主要适用于压力铸造或重力铸造，用来浇注汽车、拖拉机等机电部门的各种仪表壳体类铸件或浇注各种起重设备、机床、水泵等的轴承。

变形锌合金可以用来生产各种形状的锌材。常加入镉、铅、铁、钛、铜等元素，近年来又出现了含有1%铜、0.1%钛的锌合金和含有22%铝的锌合金，前者具有较高的蠕变强度和低温塑性，后者在一定条件下具有超塑性，主要用作电池外壳、印刷板、屋面板和日用五金等。

⑤ 轴承材料铅锡合金

韩爷爷，讲讲铅锡合金吧？

铅锡合金也有不少的种类，按用途可以分为：铅基或锡基轴承合金、铅锡焊料、铅锡合金涂层等。

铅锡合金有什么特点与性质呢？

铅基或锡基轴承合金：这类合金含锑（Sb）3%～15%，铜3%～10%，有的合金品种还含有10%的铅。

锑和铜用来提高合金的强度和硬度。其摩擦系数小，有良好的韧性、导热性和耐蚀性，主要用以制造滑动轴承。铅锡焊料：以铅锡合金为主，有的还含有少量的锑。含38.1%铅的锡合金俗称焊锡，熔点约为183摄氏度，用于电器仪表工业中元件的焊接，以及汽车散热器、热交换器、食品和饮料容器的密封等。

铅锡合金涂层：利用锡合金的抗腐蚀性能，将其涂敷于各种电气元件表面，既具有保护性，又具有装饰性。常用的有锡铅系、锡镍系涂层等。另外铅锡合金可以用来生产制作各种精美合金饰品、合金工艺品，如戒指、项链、手镯、耳环、胸针、纽扣、领带夹、帽饰、工艺摆饰、合金相框、微型塑像、纪念品等。

未来金属钛合金

韩爷爷，再讲讲钛合金吧？

钛在化学元素周期表中位于第4周期、第IVB族，外观似钢，熔点为1 668±4摄氏度，属难熔金属。钛在地壳中含量较丰富，远高于铜、锌、锡、铅等常见金属。

我国钛资源丰富，仅四川省攀枝花市发现的特大型钒钛磁铁矿中，伴生钛金属储量约为4.2亿吨。

钛合金有什么特点与性质呢？

纯钛机械性能强，可塑性好，易于加工，加入氧、氮、碳可提高钛的强度和硬度，但会降低其塑性，增加脆性。钛是容易钝化的金属，且在含氧环境中，其钝化膜在受到破坏后还能自行愈合。因此钛和钛合金有优异的耐蚀性，远优于不锈钢。液态钛几乎能溶解所有的金属，形成固溶体或金属化合物等各种合金。

例如，钛铝锡（Ti-Al-Sn）合金有很高的热稳定性，可在相当高的温度下长时间工作，以钛铝钒（Ti-Al-V）合金为代表的超塑性合金，可以50%～150%伸长加工成型，其最大伸长可达到2000%。另外，通常钛合金的密度小，强度高，应用价值广泛。由于上述优异性能，它是火箭、导弹和航天飞机不可缺少的材料。船舶、化工、电子器件和通信设备，以及若干轻工业部门中要大量应用钛合金。同时钛还享有"未来的金属"的美称。

冷却剂钠钾合金

 韩爷爷，讲讲钠钾合金吧？

 钠钾合金，是钠（Na）和钾（K）的合金，在室温下为银色的软质固体或液体。

钠钾合金活性很高，接触水、氧气、卤素、氧化剂、酸、二氧化碳、四氯化碳、氯仿、二氯甲烷等物质都能发生剧烈反应，放出氢气，立即自燃，有时甚至会爆炸，所以危险系数很大，必须在惰气保护下使用和保存。

 钠钾合金这么危险，它有什么特点与性质呢？

钠钾合金虽然危险系数大，却是液态金属核反应堆的良好冷却剂，还可以作为冷却剂应用于实验室的快中子反应器中，在核能利用中发挥重要作用。

钠钾合金也可以作为许多化学反应的催化剂，同时，可以作为金属有机化学中常用的干燥剂、除氧试剂、还原剂等，在金属有机化学中有着很大的优势，用途很广。

不坏之身耐蚀合金

韩爷爷，再讲讲还有哪些特别的合金吧！

前面讲过腐蚀是所有金属材料遇到的重要问题，金属材料在腐蚀性介质中所具有的抵抗介质侵蚀的能力，称为金属的耐蚀性。科学家采用合金化方法获得一系列耐蚀合金，这就是特种的耐蚀合金。

耐蚀合金是怎么做出来的？它有什么特点与性质呢？

合成耐蚀合金一般有三种方法：第一种是向原不耐蚀的金属或合金中加入热力学稳定性高的合金元素，增强其耐蚀性。

例如，在铜中加入金，在镍（Ni）中加入铜、铬等。第二种是加入易钝化合金元素，如铬、镍、钼（Mo）等，可提高基体金属的耐蚀性。比如在钢中加入适量的铬，即可制得铬系不锈钢。第三种是加入能促使合金表面生成致密的腐蚀产物保护膜的合金元素，是制取耐蚀合金的又一途径。

例如，钢能耐大气腐蚀是由于其表面形成结构致密的化合物羟基氧化铁（FeOOH），它能起保护作用。钢中加入铜与磷或磷与铬均可促进这种保护膜的生成，制成耐大气腐蚀的低合金钢。金属腐蚀是工业上危害最大的自发过程，因此耐蚀合金的开发与应用，有重大的社会意义和经济价值。

⑨ 烈火真心耐热合金

韩爷爷，除了耐蚀还有没有其他特殊性能的合金呢?

耐热合金又称为高温合金。一般来说随着温度的升高，金属材料的机械性能显著下降，氧化腐蚀的趋势相应增大。

因此，一般的金属材料都只能在500~600摄氏度长期工作，能在高于700摄氏度的高温情况下工作的金属通称耐热合金。"耐热"是指其在高温下能保持足够强度和良好的抗氧化性。

怎么才能让金属更加耐热呢?

比如钢铁，提高耐热性的途径有两种：第一种是在钢中加入铬、硅、铝等合金元素，或者在钢的表面进行铬、硅、铝合金化处理。它们在氧化性气氛中可以很快生成一层致密的氧化膜，并牢固地附在钢的表面，从而有效地阻止氧化的继续进行。

第二种是用各种方法在钢铁表面形成高熔点的氧化物、碳化物、氮化物等耐高温涂层。利用合金方法，制得的耐热合金在高温下具有良好的机械性能和化学稳定性。

吸引力磁性合金

韩爷爷，磁性合金是什么呢？

磁性合金是呈现铁磁性的精密合金材料。材料在外加磁场中，可以表现出三种情况：第一种是不被磁场所吸引的反磁性材料；第二种是微弱的被磁场所吸引的顺磁性材料；第三种是强烈的被磁场所吸引的铁磁性材料，其磁性随外磁场的加强而急剧增高，并在外磁场移走后，仍能保留磁性。

金属材料中，大多数过渡金属具有顺磁性；只有铁、钴（Co）、镍等少数金属是铁磁性的。

磁性合金有什么用途呢？

磁性合金在电力、电子、计算机、自动控制和电光学等新兴技术领域中，有着日益广泛的应用。例如：软磁合金广泛用于各种变压器、电机、继电器、电磁铁、磁记录、磁屏蔽及通信工程、遥测遥感系统和在仪器仪表中作为磁性元器件；永磁合金广泛用于电磁式仪表、示波器、扬声器、行波管、陀螺仪、继电器、断路器、磁选机、磁轴承、磁性耦合器、核磁共振成像仪、音像和通信设备及磁化节能设备等。

半硬磁合金主要用于制作磁滞电机转子、继电器铁芯、簧片开关元件及存储器元件等；磁致伸缩合金主要用于超声波发射和接收、声呐系统、电机械滤波器、精密控制系统、各种阀门、驱动器等；磁记录材料用于计算机的磁头用合金和磁记录介质材料。

身轻如燕镁合金

韩爷爷，镁合金是什么呢？

镁合金是以镁为基础加入其他元素组成的合金。其特点是：密度小（1.8克每立方厘米左右），强度高，弹性模量大，散热好，消震性好，承受冲击载荷能力比铝合金强，耐有机物和碱的腐蚀性能好。主要合金元素有铝、锌、锰、铈（Ce）、钍（Th），以及少量锆（Zr）或镉等。

使用最广的是镁铝合金，其次是镁锰合金和镁锌锆合金。

镁合金有什么用途呢？

镁合金主要应用于航空、航天、运输、化工、火箭等工业领域。镁合金是航空器、航天器和火箭导弹制造工业中使用的最轻金属结构材料。民用飞机和军用飞机，尤其是轰炸机广泛使用镁合金制品，同时镁合金也广泛应用于导弹和卫星的一些部件上。

另外，镁合金在汽车的壳体类、支架类等构件上也有应用，同时为了在汽车受到撞击后提高吸收冲击力和轻量化，在方向盘和座椅上也使用镁合金。镁合金还用来做单反相机的骨架，手机、笔记本电脑上的支撑框架和背面的壳体，内部产生高温的电脑、电视机和投影仪等的外壳和散热部件，以及硬盘驱动器的读出装置等的振动源附近的零件等。

超耐热铌硅合金

韩爷爷，有没有比高温合金更耐热的合金材料呢？

一般来说，镍钴合金能耐1200摄氏度的高温，可用于喷气飞机和燃气轮机的构件。

镍钴铁非磁性耐热合金在1200摄氏度时仍具有高强度、韧性好的特点，可用于航天飞机的部件和原子反应堆的控制棒等。而科学家还在寻找符合耐高温、可长时间运行（1万小时以上）、耐腐蚀、高强度等要求的合金材料。

那他们有没有找到呢？

铂（Pt）和钼合金为极高温应用提供一些优异的机械性能和化学性能。钼是一种最易获得且最便宜的难熔金属，在远高于普通高温合金通常工作的温度条件下具有优异的性能，被人们称为"超高温合金"。

而目前铌-硅（Nb-Si）基合金具有较高的高温强度，在室温下具有一定的韧性，并且其熔点高、密度小，有望作为在1200～1400摄氏度温度下工作的发动机叶片的候选材料。因此，近年来国内外科学家把铌-硅基合金作为研发高推比发动机叶片的主要后继材料之一，它有望成为新一代高温结构材料。

见缝插针储氢合金

韩爷爷，我们知道氢气都是用有压力的钢瓶装的，为什么有储氢合金这样的材料呢？

20世纪60年代，材料王国里出现了能储存氢的合金，统称为储氢合金，这些合金具有很强的捕捉氢的能力。

在一定的温度和压力条件下，氢分子在合金中先分解成单个的原子，而这些氢原子便"见缝插针"般地进入合金原子之间的缝隙中，并与合金进行化学反应生成金属氢化物，外在表现为大量"吸收"氢气，同时释放出大量热量。而当对这些金属氢化物进行加热时，它们又会发生分解反应，氢原子又能结合成氢分子释放出来，而且伴随有明显的吸热效应。

氢气被吸到合金里！这真是太神奇了！

别看储氢合金的金属原子之间缝隙不大，但储氢本领比氢气瓶的本领可大多了，因为它能像海绵吸水一样把钢瓶内的氢气全部吸尽。

具体来说，相当于储氢钢瓶重量1/3的储氢合金，其体积不到钢瓶体积的1/10，但储氢量却是相同温度和压力条件下气态氢的1000倍，由此可见，储氢合金不愧是一种极其简便易行的理想储氢方法。采用储氢合金来储氢，不仅具有储氢量大、能耗低、工作压力小、使用方便的特点，而且可免去庞大的钢制容器，从而使其存储和运输方便而且安全。

七十二变形状记忆合金

韩爷爷，听说有一种形状记忆合金制造的眼镜架，那什么是形状记忆合金材料呢？

形状记忆合金是通过热弹性马氏体相变及其逆变而具有形状记忆效应的由两种以上金属元素所构成的材料。

比如用记忆合金制成的弹簧，把这种弹簧放在热水中，弹簧的长度立即伸长，再放到冷水中，它会立即恢复原状。这种变形又还原的特性被称为形状记忆效应。利用形状记忆合金弹簧可以控制浴室水管的水温，即在热水温度过高时通过"记忆"功能，调节或关闭供水管道，避免烫伤。

这还真有用呢！

迄今为止，科学家已经发现具有形状记忆效应的合金有50多种。在航空航天领域内的应用有很多成功的范例，比如人造卫星上庞大的天线可以用形状记忆合金制作。

发射人造卫星之前，将抛物面天线折叠起来装进卫星体内，火箭升空把人造卫星送到预定轨道后，只需加温，折叠的卫星天线因具有"记忆"功能而自然展开，恢复抛物面形状。形状记忆合金在临床医疗领域也有着广泛应用，例如人造骨骼、伤骨固定加压器、牙科正畸器、各类腔内支架、栓塞器、心脏修补器、血栓过滤器、介入导丝和手术缝合线等，形状记忆合金在现代医疗中正扮演着不可替代的角色。

15　不惧冲击泡沫金属

韩爷爷，什么是泡沫金属呢？

泡沫金属是指含有泡沫状气孔的特种金属材料。含有泡沫状气孔的特种金属材料与一般烧结的多孔金属材料相比，泡沫金属的气孔率更高，孔径尺寸较大，可达7毫米。

由于泡沫金属是由金属基体骨架连续相和气孔分散相或连续相组成的两相复合材料，所以其性质取决于所用金属基体、气孔率和气孔结构，并受制备工艺的影响。当泡沫金属承受压力时，气孔塌陷导致的受力面积增加和材料应变硬化效应，使得泡沫金属具有优异的冲击能量吸收特性。

泡沫金属有什么用途呢？

泡沫金属通过其独特的结构特点，拥有密度小、隔热性能好、隔音性能好及能够吸收电磁波等一系列良好优点，这类新型材料常用于航空航天、石油化工等一系列工业开发上。

例如：泡沫铝适用于导弹、飞行器和其回收部件的冲击保护层，汽车缓冲器，电子机械减振装置，脉冲电源电磁波屏蔽罩等；泡沫镍适用于制作流体过滤器、雾化器、催化器、电池电极板和热交换器等；泡沫铜适用于制备电池负极（载体）材料、催化剂载体和电磁屏蔽材料，特别是泡沫铜用于电池作电极的基体材料时，具有一些明显的优点。

16 金属玻璃仍是金属

韩爷爷，玻璃和金属是不同的材料，那金属玻璃是玻璃还是金属呢？

金属玻璃是1960年被科学家发明的新材料，当时科学家在做实验时，发现某些液态贵金属在快速冷却的情况下，呈现为非晶态金属，它们与平时见惯了的金属不同，具有类似玻璃的某些结构特征，于是就叫它"金属玻璃"。

金属玻璃又称非晶态合金，它既有金属和玻璃的优点，又克服了它们各自的弊病，如玻璃易碎，没有延展性。金属玻璃的强度高于钢，硬度超过高硬工具钢，且具有一定的韧性和刚性，所以金属玻璃也被称为"敲不碎、砸不烂"的"玻璃之王"。

金属玻璃有什么用途呢？

与相应的晶态合金相比，这种材料展现出非常独特的力学与物理性能，在多个领域都有广阔的应用前景。比如，用金属玻璃制造的非晶体变压器不仅可以节约能源，而且在不影响性能的条件下，可以大大降低变压器的重量。

金属玻璃在机械、通信、航空航天、汽车、化工工业中都可以大显身手。由于金属玻璃的低摩擦、高强度和不易磨损的特点决定了它在电阻信息、微电子、集成电路领域有很好的应用前景，如计算机、网络、通信和工业自动化等领域，另外，在医学和生物学领域也大有用武之地，如适合制作外科手术刀、人造骨头、体内生物传感器等。

高性能钢铁材料

韩爷爷，钢铁材料是传统的材料，它有没有新发展呢？

虽然钢铁材料被人类利用的时间已经很长，但是它是一类不断发展的先进材料。无论是品种还是质量，21世纪的钢铁材料已经完全不同于从前的铁材料。

钢铁材料是社会发展的基础材料，不仅目前的用量很大，而且研发和生产技术比较成熟，这样的材料会怎么发展呢？

新技术、新工艺和新装备不断应用于钢铁材料的研究和生产，科学家已经研发出环境友好、性能优良、资源节约、成本低廉的先进钢铁材料，以及与之相关的信息化技术。在基础理论研究方面，深入开展钢的形变诱导相变、钢的析出强化理论与应用、氮的合金化原理及相变强化的研究。

在计算材料学方面，开展冶金过程模拟钢的数据库、钢铁材料应用网络数据平台的建设；在钢铁材料应用技术方面，开展焊接技术和材料、耐蚀性能和机理的研究；在应用技术的研究方面，开发高性能碳素结构钢技术、高强度铁素体—珠光体型微合金钢技术、铁素体不锈钢技术等的研究；在品种方面，研制长寿命高强度合金结构钢、耐延迟断裂高强度钢、高韧性超高强度钢及氮合金化不锈钢等。

特种钢——硅钢

韩爷爷，什么是硅钢呢？

硅钢是一种含硅量为1.0%~4.5%、含碳量小于0.08%的硅合金钢。

硅钢有什么特点与性质呢？

它具有导磁率高、矫顽力低、电阻系数大等特性，因而磁滞损失和涡流损失都小。

它主要用作电机、变压器、电器及电工仪表中的磁性材料。在生产工艺上，硅钢片又可以分为热轧硅钢片和冷轧硅钢片，热轧硅钢片属于无取向硅钢片，冷轧硅钢片分为无取向硅钢片和取向硅钢片。

硅钢片性能直接关系到电机、变压器等产品的电能损耗、性能、体积和重量，高磁感和薄规格是硅钢片的发展方向，提高硅钢片磁感应强度，不但可以提高电器性能，而且还能减少铁芯的磁滞损耗、降低电耗；采用薄规格硅钢片可减少高频下铁芯的涡流损耗、降低电耗，同时也可节省电器材料，减小电器体积、减轻重量。

特种钢——锰钢

韩爷爷，什么是锰钢呢？

锰钢又叫作锰合金钢，是一种高强度的钢材，主要用于需要承受冲击、挤压、物料磨损等的恶劣工况条件，是典型的抗磨钢。

锰钢有什么特点与性质呢？

锰钢的"脾气"十分古怪而有趣。如果在钢中加入2.5%～3.5%的锰，那么所制得的低锰钢可以脆得像玻璃一样，一敲就碎。

然而，如果在钢中加入13%以上的锰，制成高锰钢，那么它就变得既坚硬又富有韧性。高锰钢加热到淡橙色时，就会变得十分柔软，很易进行各种加工。另外，它没有磁性，不会被磁铁所吸引。因此，人们大量使用锰钢制造钢磨、滚珠轴承、推土机与掘土机的铲斗等经常受磨的构件，以及铁轨、桥梁等。

在军事上，用高锰钢制造钢盔、坦克钢甲、穿甲弹的弹头等。另外由84%的钢、12%的锰和4%的镍组成的"锰加镍"合金（又叫作锰镍铜齐），它的电阻随温度的改变很小，被用来制造精密的电学仪器。

第四章

旧貌换新颜的非金属材料

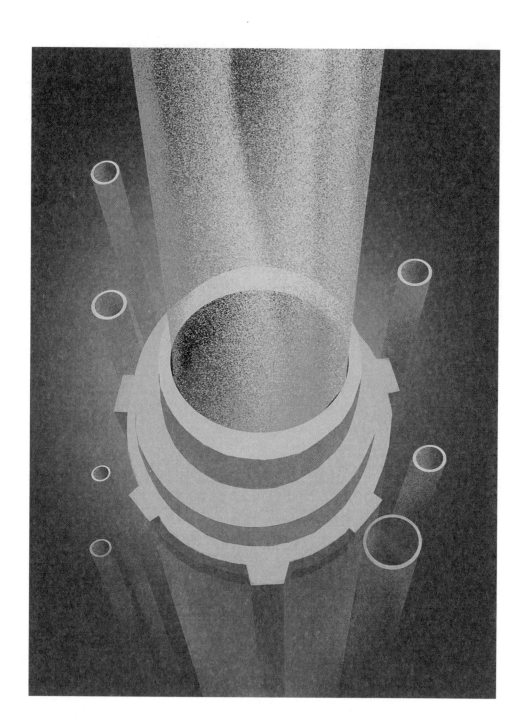

1 先进陶瓷

韩爷爷，前面讲了金属材料，再讲讲非金属材料吧！

非金属材料是不同于金属材料的另外一大类材料，它是古老的材料王国。我们常见的陶瓷、水泥、玻璃、耐火材料等都是传统的以硅酸盐为主的一类非金属材料，现在在这些材料的基础上科学家又发明了更多的新材料，比如先进陶瓷。

先进陶瓷是什么？

先进陶瓷不是普通用来砌墙、铺地的建设陶瓷，也不是用来做洁具的卫生陶瓷，更不是用来做锅碗瓢盆的日用陶瓷，而是用来做汽车发动机的特种陶瓷。

用陶瓷做发动机？这可是真新鲜呀！

先进陶瓷，在原料、工艺方面有别于传统陶瓷，通常采用高纯、超细原料，通过组成和结构设计，并采用精确的化学计量和新型制备技术制成性能优异的陶瓷材料。

先进陶瓷大致上可以分为两种：结构陶瓷和功能陶瓷。结构陶瓷有优于普通陶瓷的高强度、高硬度、耐高温、耐磨损、耐腐蚀等良好性能，常用于航空航天、能源、电子、化工、机械制造、生命科学等领域。功能陶瓷在电、磁、声、光、热等方面具有良好性能，常用于能源开发、电子技术、传感技术、激光技术、红外技术、生物技术、环境科学等领域。

2 结构陶瓷

韩爷爷，您讲讲结构陶瓷吧！

结构陶瓷克服了一般陶瓷的脆性，同时又克服了金属材料的腐蚀性，具有优越的强度、硬度、绝缘性、热传导等特点，是一类耐高温、耐氧化、耐腐蚀、耐磨耗的新材料。

因此，在非常严苛的环境或工程应用条件下，结构陶瓷仍然可以展现出高稳定性与优异的机械性能。结构陶瓷中有一些主要的代表，如氧化铝陶瓷、氮化硅陶瓷、碳化硅陶瓷等。

那它的用途也很广泛吧？

结构陶瓷用于制造各种工具、设备，尤其是高端设备。

随着全球对高精密度、高耐磨耗、高可靠度机械零组件或电子元件的要求日趋严格，结构陶瓷产品的需求相当受重视，其市场成长率也颇可观。另外结构陶瓷还可以延长机械设备的寿命，从而节约能源，保护环境。

耐磨材料氧化铝陶瓷

韩爷爷，您讲讲氧化铝陶瓷吧！

氧化铝陶瓷是一种以氧化铝为主体的陶瓷材料，氧化铝陶瓷的特点为：一是它的硬度大，远远超过耐磨钢和不锈钢的耐磨性能。

二是它的耐磨性能极好，相当于锰钢的266倍，高铬铸铁的171.5倍。三是它的质量轻，其密度为3.5克每立方厘米，仅为钢铁的一半，可大大减轻设备负荷。

那它的用途有哪些呢？

由于氧化铝陶瓷有较好的绝缘性能和机械性能，其用途非常广泛。

它可以用来制作刀具和其他耐磨零件、高压钠灯灯管、集成电路芯片、电真空陶瓷器件、高频绝缘体、汽车和航空发动机的点火器等。总之，氧化铝陶瓷在现代社会的应用已经越来越广泛，既可以满足我们日常生活需要，又可以满足一些特殊性能的需要。

4 最坚硬氮化硅陶瓷

韩爷爷，氮化硅陶瓷是什么呢？

氮化硅陶瓷是一种烧结时不收缩的无机材料陶瓷。氮化硅在自然界不存在，都是用人工合成的方法制作的。

氮化硅陶瓷是一种共价键化合物，基本结构单元为一个硅原子和四个氮原子[SiN$_4$]四面体，硅原子位于四面体的中心，在其周围有四个氮原子，分别位于四面体的四个顶点，然后以每三个四面体共用一个原子的形式，在三维空间形成连续而又坚固的网络结构。因此，氮化硅陶瓷的强度很高，尤其是热压烧结氮化硅陶瓷，它是世界上最坚硬的物质之一，具有高强度、低密度、耐高温等性质。

氮化硅陶瓷可以用在什么地方呢？

氮化硅陶瓷可以解决许多普通材料解决不了的问题，比如用氮化硅陶瓷制造滚珠轴承可以比用普通金属制造轴承的精度更高，而且更耐高温，更抗腐蚀。

用氮化硅陶瓷制造的蒸汽喷嘴用于650摄氏度锅炉几个月后无明显损坏，而其他耐热耐蚀合金钢喷嘴在同样条件下只能使用1~2个月。氮化硅陶瓷电热塞，解决了柴油发动机冷态启动困难的问题，适用于直喷式或非直喷式柴油机。另外，氮化硅陶瓷还可以用于核聚变反应堆或半导体处理设备使用的真空系统等。

⑤ 耐高温碳化硅陶瓷

韩爷爷，碳化硅陶瓷是什么呢？

碳化硅主要有两种晶体结构。碳化硅晶体的基本结构单元是相互穿插的硅碳和碳硅四面体。四面体共边形成平面层，并以顶点与下一叠层四面体相连形成三维结构。由于四面体的堆积次序不同可以形成不同的结构，科学家已经发现数百种变体。

碳化硅陶瓷有什么特性呢？

碳化硅是共价键很强的化合物，因此，它也具有优良的力学性能、优良的抗氧化性、高的抗磨损性，以及低的摩擦系数等。

碳化硅的最大特点是高温强度高，普通陶瓷材料在1200～1400摄氏度时强度将显著降低，而碳化硅在1400摄氏度时抗弯强度仍保持在500兆～600兆帕的较高水平，因此其工作温度可达1600～1700摄氏度。

再加上碳化硅陶瓷的热传导能力也较强，在陶瓷中仅次于氧化铍陶瓷，因此碳化硅已经广泛应用于高温轴承、防弹板、喷嘴、高温耐蚀部件，以及高温和高频范围的电子设备零部件等领域，还在石油、化工、微电子、汽车、航天、航空、造纸、激光、矿业及原子能等工业领域获得了广泛的应用。

功能陶瓷

韩爷爷，前面讲的是结构陶瓷，再讲讲什么是功能陶瓷吧？

功能陶瓷是指在应用时主要利用其非力学性能的材料，这类材料通常具有一种或多种功能，如电、磁、光、热、化学、生物等，有的还有耦合功能，如压电、压磁、热电、电光、声光、磁光等。

功能陶瓷有什么特别用处吗？

随着材料科学的迅速发展，功能陶瓷材料的各种新性能、新应用不断被人们所认识，并被积极加以开发。

就陶瓷材料的功能而言，有机械的、热的、化学的、电的、磁的、光的、辐射的和生物的各类功能。此外，还有半导体陶瓷、绝缘陶瓷、介电陶瓷、发光陶瓷、感光陶瓷、吸波陶瓷、激光陶瓷、核燃料陶瓷、推进剂陶瓷、太阳能光转换陶瓷、储能陶瓷、陶瓷固体电池、阻尼陶瓷、生物技术陶瓷、催化陶瓷等。

这些神奇的功能陶瓷在自动控制、仪器仪表、电子、通信、能源、交通、冶金、化工、精密机械、航空航天、国防等部门均发挥着重要作用。在奇妙的材料世界里还有许多未知的现象有待我们去探究，相信随着科学技术的进一步发展，人类也必然会发掘出功能材料的更多新功能，并将其派上更多新用场。

力电互换压电陶瓷

韩爷爷，太神奇了，您再详细讲讲功能陶瓷吧?

好! 先讲讲压电陶瓷。压电陶瓷是一种能够将机械能和电能互相转换的信息功能陶瓷材料，也就是说它在力的作用下产生变形，引起材料表面带电，这是正压电效应。

反之，施加激励电场，材料就产生机械变形，这是逆压电效应。这种奇妙的效应已经被科学家应用在与人们生活密切相关的许多领域，以实现能量转换、传感、驱动、频率控制等功能。

压电陶瓷都有哪些特别功能呢?

压电陶瓷具有敏感的特性，可以将极其微弱的机械振动转换成电信号，可用于声呐系统、气象探测、遥测环境保护、家用电器等。

例如，制作压电地震仪，能精确地测出地震强度，指示出地震的方位和距离。这不得不说是压电陶瓷的一大奇功。除了用于高科技领域，它更多的是在日常生活中为人们服务，已被广泛应用于医学成像、声传感器、声换能器、超声马达等。

⑧ 温度开关热敏陶瓷

韩爷爷，什么是热敏陶瓷呢？

热敏陶瓷是一类其电阻率随温度发生明显变化的材料。简单地说，热敏陶瓷就是对温度变化敏感的陶瓷材料，它可以分为热敏电阻、热敏电容、热电和热释电等陶瓷材料。

有这么多种类呀，您可以再说详细一点吗？

比如说热敏电阻，按阻值随温度变化不同可以分为正温度系数热敏电阻、负温度系数热敏电阻、临界温度系数热敏电阻和线性热敏电阻四大类。

阻值随温度升高而增加的电阻称为正温度系数热敏电阻，相反，则称为负温度系数热敏电阻；阻值随温度变化呈直线关系的热敏电阻称为线性热敏电阻，阻值随温度变化呈指数（或对数）关系的热敏电阻称非线性热敏电阻。

哦，热敏陶瓷有什么用途呢？

由于热敏陶瓷神奇的温度感知功能，在工业上兼有敏感元件、加热器和开关三种功能，被人们称为"热敏开关"，可用作温度的测量与控制，比如控制瞬间开水器的水温控制元件、暖风器和空调等的加热元件，还有电子温度计、电子万年历、加热恒温电器、汽车电子温度测控电路、温度传感器、手机电池等。

探测水分湿敏陶瓷

韩爷爷，什么是湿敏陶瓷呢？

湿敏陶瓷是指对空气或其他气体、液体和固体物质中水分含量敏感的陶瓷材料。

即空气中湿度的变化，或物质中水分含量的变化，能引起陶瓷材料的某些物理化学性质（如电阻率、相对介电常数等）明显的变化，这种变化具有规律性，且稳定性、重复性和可逆性好，因而，人们可以利用这种变化规律精确地测量和控制空气中的湿度或物质中的水分含量。

哦，湿敏陶瓷有什么特性呢？

湿敏陶瓷的特性指标主要包括：灵敏度，通常以相对湿度变化1%时的阻值表示；响应速率，指环境变化后元件阻值发生变化所需时间；分辨率，分辨率与灵敏度和响应速率相关；温度特性，指温度变化1摄氏度时，元件阻值的变化量。

湿敏陶瓷可以用在哪些方面呢？

湿敏陶瓷制成的传感器已经广泛应用于我们的生活中，如家电产品中的空调机、干燥机、增湿机、微波炉、汽车中的车窗除雾装置、医疗器械、保育器械、测量用的湿度计、恒温恒湿箱，以及食品干燥、农业土壤水分测量等。

电鼻子气敏陶瓷

韩爷爷，我们家现在用煤气做饭烧水取暖，真的很方便！

煤气给人们的生活带来了方便，但是这种易燃、易爆气体一旦泄漏也会造成巨大的危害。另外，在寒冷的冬天，居民用煤炭取暖，稍不注意就可能导致煤气中毒。

此外，还需要煤矿工人夜以继日地在井下作业，把地下的"乌金"煤炭源源不断地送往电厂、钢厂及千家万户，给人类送来光明和温暖。但是，在煤矿的矿井中有一种危害矿工生命的气体——瓦斯，它不仅会令人窒息，而且容易引发爆炸。

如果能对这些有害气体早发现、早预报该多好啊！

是的。科学家们研制出了专门预报这些有毒、易燃、易爆气体的"电鼻子"，学名叫作气敏检漏仪。其实，它的"鼻子"是一块"气敏陶瓷"，也称为气敏半导体。

气敏陶瓷是什么？它能干什么用呀！

气敏陶瓷是用于吸收某种气体后电阻率发生变化的一种功能陶瓷。它是用二氧化锡等材料经压制烧结而成的，对许多气体反应十分灵敏，如对百万分之一浓度的氢气即能显示，可以应用于气敏检漏仪等装置进行自动报警。有了这种"电鼻子"，只要空气中有害气体超标，指示灯就会闪亮，报警器就会鸣响，人们就可以采取通风、检漏、堵漏等措施化险为夷了。

光电池光敏陶瓷

韩爷爷，我在电视上看到太阳能发电，一排排的太阳能发电板真好看！

那些实际上就是用光敏陶瓷制成的。

光敏陶瓷是什么呀！

光敏陶瓷又称为光敏电阻陶瓷，属于半导体陶瓷，它在光的照射下，吸收光能，产生光电导效应或光生伏特效应。利用光电导效应来制造光敏电阻，可以用于各种自动控制系统；利用光生伏特效应可以制造光电池或称太阳能电池，为人类提供了新能源。

光敏陶瓷有什么特性呢?

衡量光敏陶瓷的特性指标主要包括：光谱特性，指光敏电阻灵敏度最高所处的那段光波的波长范围；灵敏度，指一定的光照条件下所产生的光电流的大小，与材料的光生载流子数目及电极之间的距离有关。

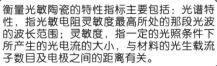

照度特性，指光敏电阻的输出信号（如电压、电流或电阻值）随着光照度的改变而改变的特性；响应时间，在光照下电流达到稳定值所需要的上升时间及遮光后电流消失所需要的衰减时间；温度特性，光敏电阻的光导特性和电学特性受温度影响较大。

性能更强纳米陶瓷

韩爷爷，纳米陶瓷是什么材料？

纳米陶瓷是将纳米级陶瓷颗粒、晶须、纤维等引入陶瓷母体，以改善陶瓷的性能而制造的复合型材料，其提高了母体材料的室温力学性能，改善了高温性能，并且此材料具有可切削加工和超塑性。

纳米陶瓷是近20年发展起来的新型超结构陶瓷材料。

纳米陶瓷有什么特性呢？

在陶瓷材料的显微结构中，晶粒、晶界及它们之间的结合都处在纳米水平（1~100 nm），使得材料的强度、韧性和超塑性大幅度提高，克服了工程陶瓷的许多不足，并对材料的力学、电学、热学、磁学、光学等性能产生重要影响，为替代工程陶瓷的应用开拓了新领域。

纳米陶瓷可以用在哪些方面呢？

由于纳米陶瓷具有的独特性能，如果做外墙用的建筑陶瓷材料则具有自清洁和防雾功能；纳米耐高温陶瓷粉涂层材料可以作为一种耐高温陶瓷涂层的材料等。世界各国的科学家正在不断研究开发新的高技术纳米陶瓷。

⑬ 玻璃

韩爷爷，现在的建筑越来越多地运用玻璃材料，如玻璃幕墙、玻璃门等，这些玻璃材料也是新材料吗？

是的。玻璃是非晶无机非金属材料，是一种古老的材料，在现代技术条件下，玻璃也焕发了新的青春。其实你知道吗，玻璃并不完全是固体！

啊！可是玻璃那么坚固，不是固体又是什么呢？

玻璃既不是晶态，也不是非晶态、多晶态、混合态，理论名称叫作玻璃态。玻璃态在常温下的特点为：短程有序，即在数个或数十个原子范围内，原子有序排列，呈现晶体特征；长程无序，即在增加原子数量后，便成为一种无序的排列状态，其混乱程度类似于液体。在宏观上，玻璃又是一种固态的物质。

为什么玻璃会形成这样的结构呢？

造成玻璃这种结构的原因是玻璃的黏度随温度的变化速度太快，而结晶速度又太慢。当温度下降，结晶刚刚开始的时候，黏度就已经变得非常大，原子的移动被限制住，造成了这种结果。因此，玻璃态类似于固态的液体，物质中的原子永远都是处于结晶的过程中。

原来是这样呀！

玻璃态结构实验对于理解亚稳态材料来说是个重大的突破，它将使科学家进一步开发金属玻璃等新材料成为可能。

高承载力钢化玻璃

韩爷爷，有什么特别的玻璃吗？

有的。随着现代科技水平的迅速提高和应用技术的日新月异，各种功能独特的玻璃纷纷问世，兴旺了玻璃材料这个庞大的家族。

那您能给我介绍一些特别的玻璃吗？

先说说钢化玻璃吧。钢化玻璃其实是一种预应力玻璃，属于安全玻璃。

为提高玻璃的强度，科学家通常使用化学或物理的方法，在玻璃表面形成压应力，玻璃承受外力时首先抵消表层应力，从而提高了承载能力，增强玻璃自身抗风压性、寒暑性、冲击性等。

那钢化玻璃的用途是什么呢？

钢化玻璃现在已经广泛应用于高层建筑门窗、玻璃幕墙、室内隔断玻璃、采光顶棚、观光电梯通道、家具、玻璃护栏等，也应用于家电制造行业（如电视机、烤箱、空调、冰箱等产品）。同时，钢化玻璃也被称为安全玻璃而广泛应用于汽车、室内装饰之中。

防火防碎夹丝玻璃

韩爷爷，另外还有夹丝玻璃是什么呢？

夹丝玻璃又称防碎玻璃。它是将普通平板玻璃加热到红热软化状态时，再将预热处理过的铁丝或铁丝网压入玻璃中间而制成的。

这种玻璃有什么特点呢？

夹丝玻璃最大的特点是安全性高，它能防止碎片飞散。

即使遇到地震、暴风、冲击等外部压力导致玻璃破碎时，碎片也很难飞散，所以与普通玻璃相比，不易造成碎片飞散伤人。它即使被打碎，线或网也能支撑住碎片，很难崩落和破碎。夹丝玻璃另一个特点是防火性优越。即使火焰穿破的时候，也可遮挡火焰和火粉末的侵入，有防止从开口处扩散燃烧的效果，另外还有防盗性能。

这种夹丝玻璃的用途是什么呢？

夹丝玻璃可以应用于天窗、屋顶、室内隔断和其他易造成碎片伤人的场合。由于夹丝玻璃不易洞穿，用于门窗玻璃也有一定的防盗作用。同时，夹丝玻璃还可作为二级门窗防火材料使用。

屏蔽噪声隔音玻璃

韩爷爷，有防止噪声的玻璃吗？

有呀！这就是隔音玻璃。隔音玻璃是一种具有一定屏蔽声音作用的玻璃产品，通常是双层或多层复合结构的夹层玻璃，夹层玻璃中间的隔音阻尼胶（膜）对声音传播具有一定的弱化和衰减作用，具有隔音功能的玻璃产品包括夹层玻璃。

这种玻璃有什么特点呢？

隔音玻璃按照制作工艺的不同，大致可以分为以下三种：第一种是中空玻璃，由两层玻璃构成，四周用高强度、高气密性复合黏结剂将玻璃与密封条、玻璃条粘接密封，中间有6～9 mm的空气层充入干燥气体，边框内充入干燥剂，以保证玻璃片间空气的干燥度。

其因留有一定的空腔，而具有相对较好的保温效果，因此在北方城市得到很广泛的使用。在隔音性能方面，中空玻璃对中波长噪声（如人说话的声音等）有良好的隔音效果。

另外两种是什么呢？

第二种是真空玻璃，由于两层玻璃间被抽成近乎真空，所以具有热阻高的特点，是很好的保温产品，在隔音性能方面也要比中空玻璃好得多。第三种是夹层玻璃，夹层玻璃是一种安全玻璃，可以两层压在一起，也可以多层压在一起。夹层隔音玻璃因不同厂家的技术含量不同，所产生的隔音隔热效果也不相同。

高技术型着色玻璃

韩爷爷，玻璃也有五彩缤纷的颜色吗？

彩色玻璃在古代就已经存在，那是由透明玻璃粉碎后用特殊工艺染色而成的。后来科学家研究出来了一种被称为"智能玻璃"的高技术型着色玻璃，它能在某些化合物中改变颜色。

研究人员先使用一种生产玻璃用的溶液，随后添加选择性极高的在某些化合物中能变色的酶或蛋白质。溶液凝固时，形成一根根玻璃丝围在大蛋白的四周。

这种玻璃有什么用途呢？

智能玻璃有足够多的孔容纳小气体分子，如氧气和一氧化碳分子进入。它们与蛋白质发生反应，致使颜色改变。这种智能玻璃可以用来监测大气中的气体。如果做成光导纤维，它还可以监测血流中的气体浓度。

太神奇了！

另外，还有利用电致变色原理制成的着色玻璃，用这种玻璃制做建筑物的窗户能控制室内的太阳光，中午太阳光辐射量增加时自动变暗，同时处在阴影下的窗户又开始变得明亮，可以帮助建筑物减少供暖和制冷需用的能量，是很好的节能产品。

仿生材料生物玻璃

韩爷爷，还有一种玻璃叫作生物玻璃，是吗？

是的，生物玻璃是指能实现特定的生物、生理功能的玻璃。

生物玻璃主要由Si、Na、钙（Ca）及磷（P）的氧化物组成，主要成分有约占45%的氧化钠（Na_2O）、占25%的氧化钙（CaO）、占25%的二氧化硅（SiO_2）和约占5%的五氧化二磷（P_2O_5）。若添加少量其他成分，则可得到一系列有实用价值的生物玻璃。用这种玻璃来制作人体骨头比某些金属要优越得多。

用来制作人体骨头，这太有用了。

生物玻璃之所以适用于人体，原因是它的配料成分是仿生的，经过配料进行化合反应后，会生成一种新成分叫作羟基磷酸钙[$Ca_5OH(PO_4)_3$]。这种成分就是人和动物骨头的构成成分。

生物玻璃一开始应用于临床修复骨、关节软骨、皮肤和血管损伤。后来在牙科疾病预防和治疗中取得良好临床效果，现在又用在了药物治疗载体上。生物玻璃已经成为材料科学、生物化学，以及分子生物学的交叉学科，由于生物玻璃具有生物活性等特点，在组织工程支架材料、骨科、牙科、中耳、癌症治疗和药物载体等方面的应用前景可观。

玻璃与陶瓷微晶玻璃

韩爷爷，微晶玻璃是什么材料？

微晶玻璃是指加有晶核剂（或不加晶核剂）的特定组成的基础玻璃，在一定温度条件下进行晶化热处理，在玻璃内均匀地析出大量的微小晶体，形成致密的微晶相和玻璃相的多相复合体。

通过控制微晶的种类数量、尺寸大小等，可以获得透明微晶玻璃、膨胀系数为零的微晶玻璃、表面强化微晶玻璃、不同色彩或可切削微晶玻璃。

它是制作特别玻璃的材料吗？

可以这么理解。微晶玻璃又称为微晶玉石或陶瓷玻璃，它的学名叫作玻璃水晶。微晶玻璃和我们常见的玻璃看起来大不相同，它具有玻璃和陶瓷的双重特性，普通玻璃内部的原子排列是没有规则的，这也是玻璃易碎的原因之一。

而微晶玻璃像陶瓷一样，由晶体组成，也就是说，它的原子排列是有规律的。因此，微晶玻璃比陶瓷的亮度高，比玻璃韧性强。例如：微晶玻璃与碳化纤维复合材料是航天方面的新材料；可削云母微晶玻璃具有良好的电绝缘性及耐热性，是很好的电子绝缘材料。

防辐射玻璃

韩爷爷，有用于防辐射的玻璃吗？

有呀！防辐射玻璃是指具有防护如X射线、γ射线等放射性射线功能的特种玻璃。随着放射医学、原子能工业等领域的发展，射线防护问题也受到了广泛关注，科学家研制出了用于防护的防辐射玻璃。

它们是怎么样防辐射的呢？

X射线、γ射线等放射性射线都属于高能量的电磁波，电磁波的波长越短，其穿透能力就越强。普通玻璃的组成并不能有效吸收这类射线，必须在玻璃组成中引入大量原子序数高的元素[如铅和铋（Bi）]才能提高它吸收射线的能力。因此，科学家利用不同技术研制出了能吸收电磁波的防辐射特种玻璃。

都有哪些玻璃可以防辐射呢？

第一种是普通防辐射玻璃，这类玻璃一般采用镍合金丝网技术，屏蔽效果好，但是透光率低，对视觉有影响。

第二种是高铅光学玻璃，这种玻璃主要是加入原子序数较高的氧化物，如氧化铅（PbO），此外还有氧化钡（BaO）、氧化镧（La$_2$O$_3$），氧化铋（Bi$_2$O$_3$）、三氧化钨（WO$_3$）等。此类玻璃具有较好的防辐射性能，但存在化学稳定性较差，玻璃自身耐辐射性差、易变色等问题。第三种是防辐射有机玻璃，此类玻璃大多采用甲基丙烯酸甲酯（methyl methacry-late，MMA）玻璃，并在其中引入铅、钡（Ba）、钐（Sm）等金属元素实现其防辐射性能。

21 人造金刚石

韩爷爷，自然界最硬的物质是什么？

是金刚石！也就是我们常说的钻石，它是一种由纯碳组成的矿物，也是自然界中最坚硬的物质。

自18世纪证实了金刚石是由纯碳组成的以后，科学家就开始了对人造金刚石的研究，20世纪50年代以后，通过高压实验技术，人造金刚石才获得真正的成功和迅速的发展，从而被广泛应用于各种工业。

钻石是很珍贵的宝石，还可以用到工业上面吗？

金刚石不仅可以加工成价值连城的珠宝，而且在工业中也大有可为，它硬度高、耐磨性好，可广泛用于切削、磨削、钻探。

比如制造树脂结合剂磨具，制造金属结合剂磨具，制造陶瓷结合剂磨具，制造一般地层地质钻探钻头、半导体及非金属材料切割加工工具，制造硬地层地质钻头、修正工具及非金属硬脆性材料加工工具等。另外，由于金刚石的导热率高、电绝缘性好，可作为半导体装置的散热板，它有优良的透光性和耐蚀性，在电子工业中也得到了广泛的应用。

第五章

千姿百态的高分子材料

1 高分子材料

韩爷爷，您讲了金属和非金属的新材料，除此之外是不是还有其他的新材料呢？

是的！现在我们来讲一讲千姿百态的高分子材料吧。

高分子材料是什么呢？

高分子材料也称为聚合物材料，是以高分子化合物为基体，再配有其他添加剂（助剂）所构成的材料。大自然中有许多天然高分子，比如天然纤维、天然树脂、天然橡胶、动物胶等。而科学家研发出了合成高分子材料，它具有天然高分子材料所没有的或较为优越的性能——较小的密度、耐磨性、耐蚀性、电绝缘性等。

合成高分子材料可以用到哪些地方呢？

高分子材料分为通用高分子材料、特种高分子材料和功能高分子材料三大类。通用高分子材料能够大规模工业化生产，已普遍应用于建筑、交通运输、农业、电气电子工业等国民经济主要领域和人们日常生活中，如塑料、橡胶、纤维、黏合剂、涂料等。

特种高分子材料主要是一类具有优良机械强度和耐热性能的高分子材料，如聚碳酸酯、聚酰亚胺等，已广泛应用于工程材料上。功能高分子材料具有特定的功能作用，可做功能材料使用，包括功能性分离膜、导电材料、医用高分子材料、液晶高分子材料等。

② 初探分子结构

韩爷爷，不同的分子构成不同的材料，分子结构不同也能构成新的材料吗？

是的。一般来说，不同种类的原子可以构成不同的分子，如果说物质的分子结构不同，一般是指相同原子种类但连接方式不同。例如：氧分子（两个氧原子构成）和氢分子（两个氢原子构成），它们是不同的分子构成，而氧气分子（O_2）和臭氧分子（O_3）就是分子结构不同了。

分子结构是与分子中原子的空间位置有关吗？

分子结构，又称为分子平面结构、分子形状、分子几何等，它建立在光谱学数据之上，用以描述分子中原子的三维排列方式。

分子结构涉及原子在空间中的位置，与键结的化学键种类有关，包括键长、键角及相邻三个键之间的二面角。分子中原子的空间关系不是固定的，除了分子本身在气体和液体中的平动外，分子结构中的各部分也都处于连续的运动中，因此分子结构与温度有关。分子所处的状态（固态、液态、气态、溶解在溶液中或吸附在表面上）不同，分子的精确尺寸也不同。

分子结构与分子的性质有关吗？

分子结构在很大程度上影响了物质的物理性质和化学性质，所以科学家通过对分子结构的研究可以预测分子的物理性质和化学性质。

③ 中国古代高分子工艺

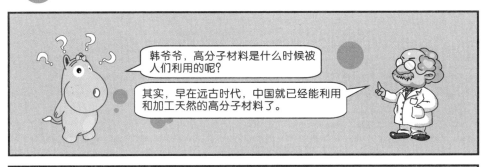

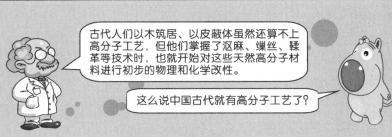

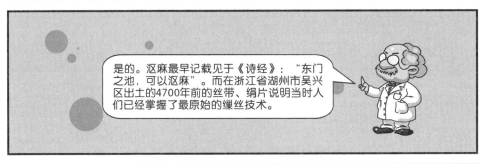

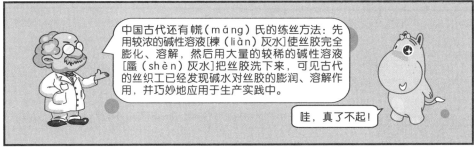

4 中国古代漆工艺技术

韩爷爷，中国古代还有哪些高分子材料被人们利用呢？

比如古代漆工艺，天然漆（如生漆、大漆）的故乡在中国，从近年来的考古发掘研究证实，生漆的发现与应用可以追溯到新石器时期。

1978年，考古学家在浙江省宁波市余姚市河姆渡镇遗址发现了一件器壁外涂有朱红色涂料、微有光泽的木碗，经鉴定确认是中国生漆。这一发现表明约7000年前我们的祖先就已经发现生漆并开始使用。

原来中国这方面也是世界领先的！

是的。漆器可能是人类所知最古老的工业塑料，漆器的发展与我国精湛的漆工艺技术密切相关，如设彩，生漆中的漆酚在未氧化前是褐红色，在固化过程中逐渐氧化为褐色，最终我们看到，商周时期的漆器仅有朱红色和黑色，但到了战国时期的漆器上就已经有红、黄、绿、蓝、白、金等多种色彩的花纹。这种"色漆"的调制和使用实际上是生漆工艺的一次大跃进。

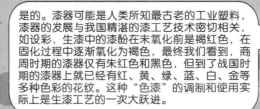

战国时期楚国出土的大量漆制品中表面花纹清晰，漆层厚度有明显差别，可以推测这种彩绘漆器是加油生漆配制而成的，表明在战国时期人们已经掌握了油、漆并用的工艺，并利用此工艺制造各类"色漆"。

太了不起了！

中国古代造纸技术

韩爷爷，中国古代造纸技术也是影响世界的四大发明之一！

造纸技术是中国对世界文明的伟大贡献，从纸的原料看，纸张是植物纤维素这一天然高分子材料最重要的应用之一。造纸的过程就是机械及化学作用除去其中杂质，并使得纤维素帚化的过程。

从近年来的考古发掘研究证实，中国古代造纸技术的发明是中国人利用纤维素高分子材料的一项重大的成就。

听说东汉蔡伦发明了造纸技术，是吗？

是的，中国人最初只用竹简和帛作为书写材料，但竹简笨重而帛又太贵，所以人们希望找到更合适的书写材料。西汉初年在蚕丝加工的"漂絮"作业中发现丝渣沉淀后通过晒可以得到"絮纸"。东汉的蔡伦在造纸技术发展上取得了开创性的成果，主要表现在以下三个方面。

一是造纸原料的选择上，蔡伦采用树皮、旧麻布、破鱼网等，使造纸原料价廉易得，特别是他主持倡导使用树皮造纸，并掌握了以木本韧皮纤维造纸的技术；二是在制浆工艺上强化机械破碎过程，剪切并加以舂捣制浆；三是借鉴赫蹄"漂絮"成型的方法将浆料悬浮，再以帘抄制，保证纸的厚薄均匀，提高了纸的质量。

中国古代造墨技术

韩爷爷，中国古代的文房四宝（笔、墨、纸、砚），都是伟大的发明！

前面我们讲了造纸技术，这里我们讲讲造墨技术。

中国墨历经了一段漫长的发展过程，它起源于约3000年前，连同造纸技术和印刷技术，在中国文化发展中起到了非常重要的作用，不仅广泛应用于书写和印刷，而且还是一种艺术珍品和学术瑰宝。

那您再给我讲讲墨的发展史吧！

早在新石器时代墨已被我们的祖先作为标记材料来使用。根据古籍《尚书》和《礼记》的记载，墨有三种用途：第一种为墨刑，罪犯的面额先用针刺花纹，再染以黑墨；第二种为绳，木工用来在木块上弹上直线，此法至今还用；第三种为墨龟，把祈祷文写在龟壳上，然后在占卜时焚烧。

墨是怎么做出来的呢？

从汉代到宋代，许多墨锭是用松烟、胶及其他添加剂混合制成，也有少量用天然石墨或沥青做成的"石墨"。从宋代开始，人们用动物油、植物油和矿物油烧成的灯黑来代替松烟。

高分子化学发展

韩爷爷，高分子化学是什么时候开始快速发展的呢？

前面我们讲的都是天然高分子的直接利用。在19世纪中期到20世纪早期，科学家开始了对天然高分子的化学改性，进行了天然橡胶的硫化、硝化纤维的合成等研究。比如，1869年，美国人约翰·韦斯利·海厄特把硝化纤维、樟脑和乙醇的混合物在高压下共热，制造出了第一种人工合成塑料"赛璐珞"（celluloid）。

那后来呢？

到了20世纪，科学家又进行了缩聚反应、自由基、配位、离子聚合等研究，创造出了全人工的高分子合成。

例如：1909年，美国化学家列奥·亨德里克·贝克兰用苯酚与甲醛反应，制造出了第一种完全人工合成的塑料"酚醛树脂"；1926年，美国化学家沃尔多·西蒙合成了聚氯乙烯（polyvinyl chloride，PVC），并在1927年实现了工业化生产；1932年，德国著名化学家赫尔曼·施陶丁格总结了自己的大分子理论，出版了划时代的巨著《高分子有机化合物》，成为高分子化学建立的标志。

他认清了高分子的"面目"，使得合成高分子的研究有了明确的方向，从此新的高分子被大量合成，高分子合成工业获得了迅速的发展。为了表彰施陶丁格在建立高分子科学上的伟大贡献，1953年他被授予诺贝尔化学奖。

真是伟大的科学家！

⑧ 高分子科学

韩爷爷，您谈到了高分子科学还有高分子化学，它们有什么区别吗？

人类使用高分子材料已有上千年的历史，但是高分子学科的建立却是近几十年的事情。

在20世纪，高分子科学研究从一开始对特定材料的特定问题"点"的研究，到后来各学科链建成发展并展成片，最后形成了高分子材料科学与工程技术的完整体系，从而进入"高分子"时代。从整体研究上看，高分子科学可以分为高分子化学、高分子物理和高分子工程三大类。

这三大类高分子科学有什么区别吗？

高分子化学主要是研究高分子化合物合成和反应等内容，包括选择原料、确定路线、寻找引发剂、制定合成工艺等。

高分子物理主要是研究聚合物的结构与性能关系等内容，为设计合成预定性能的聚合物提供理论指导，是沟通合成与应用的桥梁。高分子工程主要是研究聚合物加工成型的原理和工艺等内容。

原来是这样呀！

❾ 中国的高分子科学

韩爷爷，中国古代对世界高分子材料有很多贡献，那么现代的高分子科学水平又如何呢？

我国的现代高分子科学是在新中国成立后才建立和发展起来的，经过艰难曲折的历程，现在已经取得了辉煌的成就。

您详细说说吧！

1949年，中国科学院成立后，首先对高分子材料的新品种进行了基础研究和应用开发研究。特别是中国科学院长春应用化学研究所，从合成橡胶到热缩材料，从稀土萃取分离到火箭固体推进剂，70多年来所创造的科技成果达1200多项，诞生了百余个"中国第一"。

太厉害了！

1958年，四川省长寿化工厂年产2万吨氯丁橡胶，其中的部分设计资料就来自中国科学院长春应用化学研究所的科研成果。同年，中国科学院长春应用化学研究所开始研究开发镍催聚的顺丁橡胶，并在1986年获得了首届国家科学技术进步奖特等奖。

1982年，中国科学院长春应用化学研究所的欧阳均研究员、沈之荃院士等研究的"稀土催化定向聚合"和钱保功院士等研究的"稀土顺丁橡胶的表征"都获得国家自然科学奖。1988年，中国科学院化学研究所和中国科学院长春应用化学研究所联合成立了中国科学院高分子物理联合开放研究实验室。这是中国的第一个开放实验室。这不仅成为中国高分子领域的主力军，并且有些分支学科水平已经进入世界前沿。

⑩ 塑料

韩爷爷，您说过我们日常生活中常用的塑料属于通用高分子材料！

是的。塑料是以单体为原料，通过加聚或缩聚反应聚合而成的高分子化合物，其抗形变能力中等，介于纤维和橡胶之间，由合成树脂及填料、增塑剂、稳定剂、润滑剂、色料等添加剂组成。

那塑料的主要成分是什么呢？

塑料的主要成分是树脂。树脂是指尚未和各种添加剂混合的高分子化合物，树脂这一名词最初是由动植物分泌出的脂质而得名，如松香、虫胶等。

树脂约占塑料总重量的40%～100%。塑料的基本性能主要决定于树脂的本性，但添加剂也起着重要作用。有些塑料基本上是由合成树脂所组成，不含或少含添加剂，如有机玻璃等。

塑料的分子结构是怎么样的呢？

塑料一般有两种类型的分子结构：一种是线型结构，具有这种结构的高分子化合物称为线型高分子化合物；另一种是体型结构，具有这种结构的高分子化合物称为体型高分子化合物。有些高分子带有支链，称为支链高分子，属于线型结构。有些高分子虽然分子链间有交联，但交联较少，称为网状结构，属于体型结构。

塑料的用途

韩爷爷，塑料被人们用到哪些地方呢？

按照塑料的使用特性，人们通常将塑料分为通用塑料、工程塑料和特种塑料三种类型。通用塑料一般是指产量大、用途广、成型性好、价格便宜的塑料。

比如：聚乙烯（polyethylene，PE）主要用于薄膜、管材、日用品等多个领域；聚丙烯（polypropylene，PP）主要用在拉丝、纤维、注射用品等领域；聚氯乙烯（PVC）在建筑领域里用途广泛，尤其是下水道管材、塑钢门窗、板材、人造皮革等用途最为广泛；聚苯乙烯（polystyrene，PS）作为一种透明的原材料用于如汽车灯罩、日用透明件等。

工程塑料又是用在哪里呢？

工程塑料一般是指能承受一定外力作用，具有良好的机械性能和耐高、低温性能，尺寸稳定性较好，可以用作工程结构的塑料，工程塑料被广泛应用于电子电气、汽车、建筑、办公设备、机械、航空航天等行业，以塑代钢、以塑代木已成为国际流行趋势。

还有特种塑料呢？

特种塑料一般是指具有特种功能，可用于航空航天等特殊应用领域的塑料，如氟塑料和有机硅具有突出的耐高温、自润滑等特殊功用，增强塑料和泡沫塑料具有高强度、高缓冲性等特殊性能，这些塑料都属于特种塑料的范畴。

塑料器皿上的三角形

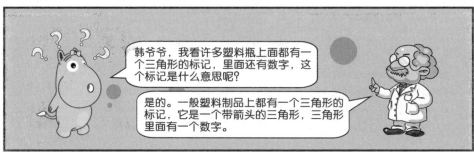

韩爷爷，我看许多塑料瓶上面都有一个三角形的标记，里面还有数字，这个标记是什么意思呢？

是的。一般塑料制品上都有一个三角形的标记，它是一个带箭头的三角形，三角形里面有一个数字。

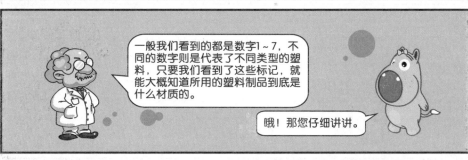

一般我们看到的都是数字1～7，不同的数字则是代表了不同类型的塑料，只要我们看到了这些标记，就能大概知道所用的塑料制品到底是什么材质的。

哦！那您仔细讲讲。

比如："1号" PET（polyethylene terephthalate）代表聚对苯二甲酸乙二酯（聚酯），常用于矿泉水瓶、碳酸饮料瓶等。它耐热至65摄氏度，耐冷至–20摄氏度，只适合装常温液体或冷饮，不适合装高温液体，因为这种材料高于65摄氏度时就可能发生变形，并且会产生出对人体有害的物质。

又比如："5号" PP代表聚丙烯，常用于乳饮料瓶、优酪乳瓶、果汁饮料瓶、微波炉餐盒等。因为它的熔点高达167摄氏度，是唯一可以安全放进微波炉的塑料盒，可在小心清洁后重复使用。

原来有这么多知识呢！

塑料的特性

韩爷爷，塑料有怎样的特性呢?

大多数塑料的性能优点包括：耐化学侵蚀，具光泽并可以部分透明或半透明，大部分为良好绝缘体，质量轻且坚固，加工容易可大量生产，价格便宜，用途广泛，效用多，容易着色，部分耐高温等。

看起来，塑料真是很好用的材料呀!

正是由于塑料的这些性能优点，多年来人们一直广泛地使用塑料材料，但是大量使用塑料随之带来的问题也越来越多地暴露出来。

比如：大部分塑料耐热性差、热膨胀率大、易燃烧、尺寸稳定性差、容易变形；多数塑料耐低温性差、低温下变脆、容易老化。

还有什么严重问题吗?

最严重的问题就是对环境造成的破坏。第一，塑料容易燃烧，燃烧时产生有毒气体，比如聚苯乙烯燃烧时能够产生甲苯，同时高温环境也会导致塑料分解出有毒成分。第二，废弃塑料在自然环境中无法自然降解，对土地、湿地、海洋等自然环境造成严重危害，比如海洋中飘着各种各样的无法为海洋所容纳的塑料垃圾，导致许多动物死亡。

合成橡胶

韩爷爷，您再说说合成橡胶吧！

人类使用天然橡胶的历史已经有好几个世纪了。克里斯托弗·哥伦布在新大陆的航行中发现，南美洲土著人有一种具有弹性的球，航海家把它视为珍品带回欧洲。后来人们发现这种弹性球能够擦掉铅笔的痕迹，因此给它起了一个普通的名字"橡皮（rubber）"，这种物质就是橡胶。

这应该是天然橡胶吧。

是的。橡胶是一类线型柔性高分子聚合物。橡胶的分子比较易于转动，也拥有充裕的运动空间，分子的排列呈现出一种不规则的随意的自然状态。

在受到弯曲、拉长等外界影响时，分子被迫显出一定的规则性。当外界强制作用消除时，橡胶分子就又回到原来的不规则状态了。这就是橡胶有弹性的原因。因为在很宽的温度范围内具有优异的弹性，所以又称为弹性体。橡胶可分为天然橡胶和合成橡胶。天然橡胶是从自然界含胶植物中制取的一种高弹性物质；合成橡胶是用人工合成的方法制得的高分子弹性体。

原来是这样呀！

合成橡胶因为其发展历史悠久和有着广阔的研究前景而成为三大合成材料之一。

合成橡胶的发展

韩爷爷，合成橡胶是怎么样发展起来的呢?

合成橡胶的发展跟汽车的发展密不可分。在过去的几千年间，人们所坐的车使用的一直是木制轮子，或者在轮子周围加上金属轮辋。1845年，英国工程师R.W.汤姆森在车轮周围套上一个合适的充气橡胶管，并获得了这项设备的专利。

尽管橡胶是一种柔软而易破损的物质，但比木头或金属更加耐磨。橡胶的耐用、减震等性能，加上充气轮胎的巧妙设计，使乘车的人觉得比以往任何时候都更加舒适。

那后来呢?

第一次世界大战期间，德国人采用了二甲基丁二烯聚合而成的甲基橡胶，这种橡胶可以大量生产且价格低廉，当时德国大约生产了2500吨甲基橡胶。尽管这种橡胶的性能不理想，战后便被淘汰，但是它是第一种具有实用价值的合成橡胶。20世纪30年代初期建立了合成橡胶工业。第二次世界大战促进了多品种、多性能合成橡胶工业的飞跃发展。

20世纪50年代初，美国人利用德国化学家卡尔·齐格勒和意大利化学家居里奥·纳塔研究出来的催化剂（齐格勒-纳塔催化剂）聚合异戊二烯，首次用人工方法合成了结构与天然橡胶基本一样的合成橡胶，使合成橡胶工业进入新阶段。20世纪60年代以后，合成橡胶的产量开始超过了天然橡胶。

原来是这样!

16 合成橡胶的用途

韩爷爷，合成橡胶被人们用到哪些地方呢？

人们通常将合成橡胶分为通用橡胶和特种橡胶。通用橡胶包括丁苯橡胶、顺丁橡胶、异戊橡胶、乙丙橡胶、氯丁橡胶等。丁苯橡胶是产量最大的通用合成橡胶，用途非常广泛。

顺丁橡胶具有特别优异的耐寒性、耐磨性、弹性和耐老化性能，绝大部分用于生产轮胎。异戊橡胶具有与天然橡胶一样良好的弹性和耐磨性，代替天然橡胶制造载重轮胎和越野轮胎。乙丙橡胶可以用作轮胎胎侧、胶条和内胎，以及汽车的零部件，还可以用作电线、电缆包皮及高压、超高压绝缘材料。氯丁橡胶用来制作运输皮带、传动带，电线和电缆的包皮材料，制造耐油胶管、垫圈及耐化学腐蚀的设备衬里等。

那特种橡胶呢？

特种橡胶包括丁基橡胶、氟橡胶、硅橡胶、聚氨酯橡胶等。丁基橡胶的主要用途是制造各种车辆的轮胎内胎、电线和电缆包皮、耐热传送带、蒸汽胶管等。

氟橡胶用于航空、化工、石油、汽车等工业部门，作为密封材料、耐介质材料及绝缘材料。硅橡胶具有优异的耐气候性和耐臭氧性，以及良好的绝缘性，用于航空、电气、食品及医疗等方面。聚氨酯橡胶耐磨性能好、弹性好、硬度高、耐油、耐溶剂，在汽车、制鞋、机械工业中的应用最多。

⑰ 合成纤维

韩爷爷，常听说合成纤维，您能给我讲讲吗？

纤维是指由连续或不连续的细丝组成的物质。自然界存在可以直接取得的纤维叫作天然纤维，比如棉花、羊毛、蚕丝、麻等，一般分为植物纤维、动物纤维和矿物纤维三类。

那合成纤维跟天然纤维一样吗？

合成纤维的化学组成和天然纤维完全不同，它是由人工合成，而不像天然纤维那样是直接衍生自活生物体。科学家从煤、石油、天然气等提炼出的简单低分子化合物作为原料，经过一系列的化学反应制造出高分子化合物，再经抽丝加工而制成纤维。

原来是这样，那么合成纤维有什么特性呢？

合成纤维比大多数天然纤维更能满足人们不同的需要。例如：合成纤维轻松吸收不同的染料，更容易生产出五颜六色的纺织品；合成纤维具有更好的抗拉伸、防水和抗污性，比天然纤维更坚牢耐磨、易洗快干、质轻不皱、不霉不蛀，成为很好的衣着原料；合成纤维原料来源广泛，生产不受自然条件限制，更能满足人们对大量纤维的需要。

合成纤维有什么缺点呢？

合成纤维的大多数缺点与它们的低熔点温度有关，比如与天然纤维相比容易受热损坏，并且绝缘性差等。合成纤维不可生物降解，大量使用会对环境造成污染。

18 合成纤维的种类

韩爷爷，合成纤维都有哪些种类呀？

合成纤维的种类很多，我们常听说的有七大类：第一类为涤纶，学名叫聚对苯二甲酸乙二酯，简称聚酯纤维，国外也称"大可纶""特利纶""帝特纶"等。

第二类为锦纶，学名叫聚酰胺纤维，国外也称"尼龙""耐纶""卡普纶""阿米纶"等。锦纶是世界上最早的合成纤维品种，由于性能优良，原料资源丰富，一度是合成纤维产量最高的品种。直到1970年以后，由于聚酯纤维的迅速发展，才退居合成纤维的第二位。第三类为腈纶，学名为聚丙烯腈纤维，国外又称"奥纶""考特尔""德拉纶"等。

还有其他的类型呢？

第四类为维纶，学名为聚乙烯醇缩甲醛纤维，国外又称"维尼纶""维纳尔"等。第五类为氯纶，学名为聚氯乙烯纤维，国外有"天美龙""罗维尔"之称。

第六类为氨纶，学名为聚氨酯弹性纤维，国外又称"莱克拉""斯潘齐尔"等。它是一种具有特别弹性性能的化学纤维，是发展最快的一种弹性纤维。第七类为聚烯烃弹力纤维，它是采用热塑性弹性体经熔融纺丝而成的新型弹力丝，能耐高温、耐氯漂及强酸强碱处理，具有较强的抗紫外线降解等特性。

19 新型纤维的发展趋势

韩爷爷，合成纤维已经是我们日常生活常用的材料，它有哪些新的发展呢？

现在科学家致力于研究既不影响生态环境，又能利用生态资源的新型纤维。主要研究方向为：采用绿色原料开发新型纤维，纤维材料的循环利用等。

呀！您详细讲讲！

比如采用绿色原料开发新型纤维的研究：从食用的香蕉、小麦、大豆、玉米、牛奶、虾、蟹等到木材、昆虫、蜘蛛都成为了新型纤维材料的来源。

现今的绿色原料包括原生态自然物质，以及以自然物质为基础的提炼物和原有纤维的再加工产物。纤维材料的循环利用的研究：就是所用的原料和能源在不断的循环中得到合理利用，要求材料可循环、可再生、可持续利用。

常规合成纤维具有不可再生、不可降解性，因此合成纤维如何进行回收再生也是研究的重点，目前科学家已开发了有回收聚合物、纤维的原料再循环和回收单体的化学再循环系统。

这样真是太好了！

神奇的新型纤维

韩爷爷，您再讲讲还有哪些新型纤维呢？

现在科学家已经研究出的新型纤维可以分为新型天然纤维、新型纤维素纤维、再生蛋白质纤维、水溶性纤维、功能性纤维、差别化纤维、高性能纤维及高感性纤维等。

这么多呀，您详细讲讲吧！

新型天然纤维主要有天然彩棉和改性羊毛两大类。用天然彩棉制成的纺织品，不用化学染整工艺就可以拥有缤纷的色彩。

新型纤维素纤维被誉为21世纪的"绿色纤维"，其具有手感柔软、悬垂性好、丝光般光泽、吸湿透气、抗静电、湿强度高的特点。再生蛋白质纤维是从天然动物牛乳或植物中提炼出的蛋白质溶解液经纺丝而成，具有较好的吸湿性、透气性、手感柔软、悬垂性好，但湿强度较低。

这些真是很神奇的新材料呀！

还有功能性纤维也很神奇：第一类是对常规合成纤维改性，克服其固有的缺点；第二类是通过化学和物理改性手段，增加了一些天然纤维或者化学纤维原来没有的性能，使其具有蓄热、导电、吸水、吸湿、抗菌、消臭、芳香、阻燃等附加性能，让人穿着更舒适；第三类是具有特殊功能的功能纤维，如高强、耐热、阻燃的高性能纤维，它们能在人们生产、生活某些方面表现特别突出的功能。

21 黏合剂

韩爷爷，您再讲讲其他的高分子材料吧！

还有一类我们常见的高分子材料就是黏合剂，又名胶黏剂，俗称"胶"。它是具有黏性的物质，借助其黏性能将两种分离的材料连接在一起。

黏合剂可以分成天然黏合剂和合成黏合剂。天然黏合剂取自于自然界中的物质，包括淀粉、蛋白质、糊精、动物胶、虫胶、皮胶、松香等生物黏合剂，也包括沥青等矿物黏合剂；合成黏合剂主要指人工合成的物质，包括水玻璃等无机黏合剂，也包括合成树脂、合成橡胶等有机黏合剂。

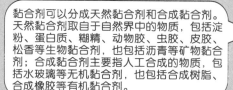

原来黏合剂也是高分子材料呀！

是的。黏合剂对被粘接物体的结构不会有显著的变化，并赋予胶结面以足够的强度。界面的粘接使用黏合剂克服了焊接或铆接时的应力集中现象，粘接具有良好的耐震动、耐疲劳性，应力分布均匀，密封性好等特性。

因此，在许多场合黏合剂可以代替焊接、铆接、螺栓及其他机械连接，适用于复杂构件的粘接，也适用于薄板材料、小型元件的粘接。在宇航、交通运输、仪器仪表、电子电器、纺织、建筑、木材加工、医疗器械、机械制造、生活用品等领域黏合剂及粘接技术得到广泛的应用。

22 涂料

韩爷爷，还有哪些常用的高分子材料呢？

还有一类我们常用的高分子材料就是涂料，在中国传统名称为油漆，这种材料可以用不同的施工工艺涂覆在物体表面，形成黏附牢固且具有一定强度、连续的固态薄膜。这样形成的膜通称涂膜，又称漆膜或涂层。

我知道油漆，我家的家具上都会涂油漆！

我们平常所说的油漆只是其中的一种，因早期的涂料大多以植物油为主要原料，故又称作油漆。中国是世界上最早使用天然树脂作为涂料的国家。

现在合成树脂已取代了植物油，故称为涂料，而且涂料并非液态，粉末涂料是涂料品种一大类。涂料属于有机化工高分子材料，所形成的涂膜属于高分子化合物类型。按照现代通行的化工产品的分类，涂料属于精细化工产品。现代的涂料正在逐步成为一类多功能性的工程材料，是化学工业中的一个重要行业。

原来是这样！

涂料一般有四种基本成分：成膜物质（树脂、乳液）、颜料（包括体质颜料）、溶剂和添加剂（助剂）。根据涂料中使用的主要成膜物质可将涂料分为油性涂料、纤维涂料、合成涂料和无机涂料；按涂料或漆膜性状可分为溶液、乳胶、溶胶、粉末、有光、消光和多彩美术涂料等。

第六章

取长补短的复合材料

1 什么是复合材料?

韩爷爷，不同的材料有不同的性能特点，能不能把不同材料的性能合在一起呢?

那我们来讲一讲取长补短的复合材料吧。现代高科技的发展更紧密地依赖于新材料的发展，对材料提出了更高、更苛刻的要求。

比如需要新材料具有耐高温和耐高压、有高强度和低密度、能耐磨又柔韧等性能，而作为单一的金属、陶瓷、聚合物等材料各自固有的局限性而不能满足现代科学技术发展的需要，因此复合材料应运而生。

复合材料是什么呢?

复合材料是人们运用先进的材料制备技术将不同性质的材料组分优化组合而成的新材料。一般定义的复合材料需要满足以下条件：一是复合材料必须是人造的，是人们根据需要设计制造的材料。二是复合材料必须由两种或两种以上化学、物理性质不同的材料组分，以所设计的形式、比例、分布组合而成，各组分之间有明显的界面存在。三是它具有结构可设计性，可进行复合结构设计。

四是复合材料不仅保持各组分材料性能的优点，而且通过各组分性能的互补和关联可以获得单一组成材料所不能达到的综合性能。

原来是这样!

② 复合材料的兴起

韩爷爷，复合材料是怎么样发展起来的呢？

复合材料使用的历史可以追溯到古代。从古至今沿用的稻草或麦秸增强黏土和已使用上百年的钢筋混凝土均由两种材料复合而成。

原来从古到今人们都在使用复合材料呀！

到了20世纪40年代，因航空工业的需要，发展了玻璃纤维增强塑料（俗称玻璃钢），从此出现了复合材料这一名称。

那后来呢？

20世纪60年代，为满足航空航天等尖端技术所用材料的需要，科学家先后研制和生产了以高性能纤维（如碳纤维、硼纤维、芳纶纤维、碳化硅纤维等）为增强材料的复合材料。

为了与第一代玻璃纤维增强树脂复合材料相区别，将这种复合材料称为先进复合材料。先进复合材料除作为结构材料外，还可用作功能材料，如梯度复合材料（材料的化学和结晶学组成、结构、空隙等在空间连续梯度变化的功能复合材料）、机敏复合材料（具有感觉、处理和执行功能，能适应环境变化的功能复合材料）、仿生复合材料、隐身复合材料等。

3 复合材料的种类

韩爷爷，复合材料都有哪些种类呢？

复合材料主要可以分为结构复合材料和功能复合材料两大类。

什么是结构复合材料呢？

结构复合材料是作为承力结构使用的材料，基本上由能承受载荷的增强体组元与能连接增强体成为整体材料同时又起传递力作用的基体组元构成。

增强体包括各种玻璃、陶瓷、碳素、高聚物、金属，以及天然纤维、织物、晶须、片材和颗粒等，基体则有高聚物（树脂）、金属、陶瓷、玻璃、碳和水泥等。其特点是可以根据材料在使用中受力的要求进行组元选材设计，还可进行复合结构设计，即增强体排布设计，能合理地满足需要并节约用材。

什么是功能复合材料呢？

功能复合材料一般由功能体组元和基体组元组成，基体不仅起到构成整体的作用，而且能产生协同或加强功能的作用，它们除机械性能以外还提供其他物理性能，如导电、超导、半导、磁性、压电、阻尼、吸波、透波、摩擦、屏蔽、阻燃、防热、吸声、隔热等。功能复合材料主要由功能体和增强体及基体组成。

④ 复合材料的结构特点

韩爷爷，从材料结构上来说，复合材料都有什么特点呢？

复合材料是一种混合物。从材料的组成成分来看，可以分为金属与金属复合材料、非金属与金属复合材料、非金属与非金属复合材料。

而从材料的结构特点上来看，又可以分为四种：第一种为纤维增强复合材料，将各种纤维增强体置于基体材料内复合而成，如纤维增强塑料、纤维增强金属等。第二种为夹层复合材料，由性质不同的面材和芯材组合而成，通常面材强度高、薄，芯材质轻、强度低，但具有一定刚度和厚度。这种夹层复合材料又可以分为实心夹层和蜂窝夹层两种。

还有另外两种是什么呢？

第三种为细粒复合材料，将硬质细粒均匀分布于基体中，如弥散强化合金、金属陶瓷等。

第四种为混杂复合材料，由两种或两种以上增强相材料混杂于一种基体相材料中构成，与普通单增强相复合材料相比，其冲击强度、疲劳强度和断裂韧性显著提高，并具有特殊的热膨胀性能。它还可以分为层内混杂、层间混杂、夹心混杂、层内/层间混杂和超混杂复合材料。

原来复合材料的结构这么多样呀！

⑤ 复合材料的设计思想

韩爷爷，复合材料是可以设计的，听起来很神奇呀！这到底是怎么回事呢？

复合材料的应用很大程度上改变了人们的观念，为科学家提供了很大的设计自由度。

采用常规材料时，科学家需要也只能选择材料，一般是先有材料，后制造制品，而采用复合材料时，科学家就可以根据性能的需要来设计材料，材料和制品同时制造，可以将结构设计和制造工艺设计结合考虑。也就是说，人类在使用材料上从必然王国向自由王国迈进了一大步。

那么复合材料是怎么样设计出来的呢？

复合材料的基本设计思路有以下几个方面：一是分析外部环境与载荷的要求。二是选材，主要包括基体材料、增强材料及几何形状的选择。

三是设计成型工艺及工艺过程的优化。四是考察代表性单元的性能，包括细观力学方法、有限元方法、实验力学方法、典型结果的宏观性能等。五是复合材料的响应，包括应力场、温度场等的响应，以及设计变量的优化等。六是损伤及破坏分析，包括强度准则、损伤机理、破坏过程等。

⑥ 复合材料的应用领域

韩爷爷，复合材料应用到哪些领域呢？

由于复合材料的优越性能，现在已经在很多领域都发挥了很大的作用，代替了很多传统的材料。

您详细说说吧！

比如：航空航天领域，由于复合材料热稳定性好，比强度、比刚度高，可用于制造飞机机翼和前机身、卫星天线及其支撑结构、太阳能电池翼和外壳、大型运载火箭的壳体、发动机壳体、航天飞机结构件等。汽车工业领域，由于复合材料具有特殊的振动阻尼特性，可减振和降低噪声、抗疲劳性能好，损伤后易修理，便于整体成形，故可用于制造汽车车身、受力构件、传动轴、发动机架及其内部构件。

还有哪些领域呢？

还有化工、纺织和机械制造领域，有良好耐蚀性的碳纤维与树脂基体复合而成的材料，可用于制造化工设备、纺织机、造纸机、复印机、高速机床、精密仪器等。医学领域，碳纤维复合材料具有优异的力学性能和不吸收X射线特性，可用于制造医用X光机和矫形支架等。

碳纤维复合材料还具有生物组织相容性和血液相容性，生物环境下稳定性好，也用作生物医学材料。此外，复合材料还用于制造体育运动器件和用作建筑材料等。

用处真是太多了！

7 复合材料与航空航天

韩爷爷，您讲一讲航空航天的复合材料吧！

由于航空航天领域应用的特殊性，对材料提出了非常苛刻的要求。

都有哪些要求呢？

一是轻质，以飞机为例，如果将轻量且高强度的复合材料用于飞机制造，就可以减轻飞机自身的质量，从而增加有效载荷。二是优良的耐高温性能，比如火箭发动机燃气温度可以达到3000摄氏度以上，在这种条件下需要材料具有良好的高温耐久强度，以及在高温下长期工作的组织结构稳定性。

能满足这么苛刻条件的材料真的很不容易！

三是优良的耐低温性能，飞机在飞行时表面温度会降到−50摄氏度左右，液体火箭使用液氧（沸点为−183摄氏度）和液氢（沸点为−253摄氏度）作为推进剂，绝大部分高分子材料在这样低温条件下都会变脆。

四是优良的耐老化和耐蚀性能，飞机燃料、火箭推进剂等其中多数对金属材料和非金属材料都有强烈的腐蚀作用或溶胀作用，而且在高空和宇宙射线辐照下，材料也会加速老化。五是优良的隔热性能，需要在极端恶劣的工作条件下保护舱内的人员安全。六是优良的抗热胀冷缩性能、高比强度和高断裂韧性可以保证飞行器的安全和延长使用寿命。

新型航空航天材料

韩爷爷，航空航天对材料有这么多要求，那么都有哪些新型材料用到航空航天领域呢？

目前有三大类的先进复合材料用到航空航天领域，碳纤维复合材料、碳化硅纤维复合材料、氮化硅纤维复合材料。

在众多复合材料中碳纤维复合材料无疑是最耀眼的明星。碳纤维是一种由碳元素组成的特种纤维状碳材料，其含碳量随着种类的不同而各异，一般在90%以上，具有极高的比强度和比模量。但是碳纤维的耐冲击性较差，容易损伤，所以一般作为复合材料中的增强材料而不单独使用。

都有哪些碳纤维复合材料呢？

一是碳纤维增强树脂基复合材料：以聚合物为基体、碳纤维为增强材料的复合材料，由于碳纤维增强树脂基复合材料的独特结构赋予了材料轻质高强、耐高温、抗腐蚀、热力学性能优良等特点，使其可以替代铝合金用作飞机的机身、直升机旋翼桨叶、卫星天线等的理想材料。

二是碳纤维增强碳基复合材料：碳纤维（碳毡或碳布）增强的碳基复合材料（碳/碳复合材料）的组成元素只有一种碳元素。这种复合材料有很多优异性能，如耐烧蚀、抗热震、低密度、高导热性、低膨胀系数、对热冲击不敏感等，是目前唯一可在2800摄氏度高温下使用的复合材料。

⑨ 复合材料与海洋工程

韩爷爷，是不是有许多新材料用到海洋工程领域呢？

用于海洋工程领域的新材料有三大类：海洋工程材料、海洋防腐材料、海洋环境材料。海洋工程材料主要是用于造船，具有耐蚀性又能保持高强度的碳钢衬聚乙烯复合管和玻璃钢等被广泛关注。

您再说说都有哪些海洋防腐材料呢？

材料在海洋环境中必然会经受各种恶劣条件的腐蚀和侵蚀作用，包括海浪冲刷、海水溅射、海水腐蚀，以及海洋生物附着腐蚀等。海洋防腐材料中最特别的是仿生防腐涂料。

科学家根据鲨鱼防护海底生物附着的原理，将"鲨刻烃"仿生膜刻印在聚烯烃材料表面，以覆膜或倒模方式倒出具有鲨皮齿结构的防污涂料，用于船体表面，能减少67%海藻、藤壶、贝类的附着量。当达到一定速度时，船舶可"自洁"，将所附着的海洋生物抛掉。此外，还有纳米防污涂料，主要是运用纳米材料，比如纳米二氧化硅、纳米二氧化钛，以及纳米氧化锌等制备海洋防污涂料。

海洋环境材料是什么呢？

海洋环境材料是用于保护海洋环境的材料。近年来对海洋环境影响最大的是油料泄漏，因此海上吸油材料的研究备受关注，按其成分可以分为无机类吸油材料、有机类吸油材料及复合类吸油材料。

10 保障健康的生物医用材料

韩爷爷，听说在生物医药领域已经有不少新材料被科学家使用了！您能讲讲吗？

这就要说说生物医用材料了。生物医用材料是指一类具有特殊功能，用于人工器官、外科修复、理疗康复、诊断、疾患治疗，且对人体组织不会产生不良影响的材料。

听起来真的很神奇呀！

生物医用材料是研究人工器官和医疗器械的基础，已成为当代材料学科的重要分支。

尤其是随着生物技术的蓬勃发展和重大突破，生物医用材料已成为各国科学家竞相进行研究和开发的热点。

一般都有哪些生物医用材料呢？

生物医用材料按用途可以分为骨、牙、关节、肌腱等骨骼-肌肉系统修复材料，皮肤、乳房、食道、呼吸道、膀胱等软组织材料，人工心脏瓣膜、血管、心血管内插管等心血管系统材料，血液净化膜和分离膜、气体选择性透过膜、角膜接触镜等医用膜材料，组织黏合剂和缝线材料，药物释放载体材料，临床诊断及生物传感器材料，齿科材料等；按材料在生理环境中的生物化学反应水平分为惰性生物医用材料、活性生物医用材料、可降解和吸收的生物医用材料。

用于生物医用的组织工程材料

听说有一些医用材料可以用于再生人体器官，是真的吗？

这就要说到组织工程学了。组织工程是指应用生命科学与工程的原理和方法，构建一个生物装置，来维护、增进人体细胞和组织的生长，以恢复受损组织或器官的功能。它的主要任务是实现受损组织或器官的修复和再建，延长寿命和提高健康水平。

原来真的有再生的人体器官呀！

是的。科学家将特定组织细胞"种植"于一种生物相容性良好、可被人体逐步降解吸收的生物医用材料（组织工程材料）上，形成细胞–生物医用材料复合物。生物医用材料为细胞的增长繁殖提供三维空间和营养代谢环境。

随着材料的降解和细胞的繁殖，形成新的具有与自身功能和形态相应的组织或器官。这种具有生命力的活体组织或器官能对病损组织或器官进行结构、形态和功能的重建，并达到永久替代。

太厉害了！

近年来，组织工程学的发展成为集生物工程、细胞生物学、分子生物学、生物医用材料、生物技术、生物化学、生物力学及临床医学于一体的一门交叉学科。生物医用材料在组织工程中占据非常重要的地位，已经在人工皮肤、人工软骨、人工神经、人工肝等方面取得了一些突破性成果。

用于生物医用的纳米材料

听说有一些纳米生物材料被用到医疗上，是真的吗？

纳米技术在20世纪90年代获得了突破性进展，在生物医学领域的应用研究也不断得到扩展。目前的研究热点主要是药物控释材料及基因治疗载体材料。

药物控释是什么呢？

药物控释是指药物通过生物材料以恒定速度、靶向定位或智能释放的过程。具有上述性能的生物材料是实现药物控释的关键，可以提高药物的治疗效果和减少其用量和毒副作用。

比如癌症的基因疗法，其关键技术是导入基因的载体，只有借助于载体，正常基因才能进入细胞核内。因此，新合成的一种树枝状高分子材料作为基因导入的载体被科学家所关注，高分子纳米材料和脂质体是基因治疗的理想载体，它具有承载容量大、安全性高的特点。

能用来治疗癌症真是太好了！

另外，生物医用纳米材料还在分析与检测技术、纳米复合医用材料、与生物大分子进行组装、用于输送抗原或疫苗等方面也有良好的应用前景。由纳米微电子控制的纳米机器人，协助开展介入性诊断和治疗，使得医学诊断治疗更加微型、微量、微创或无创、快速、功能性和智能化。

保护环境与环境材料

韩爷爷，现在人们越来越强调环境保护，那么在材料上有没有相关的研究呢？

现在许多科学家都在进行环境材料的研究。所谓环境材料，是指同时具有满意的使用性能和优良的环境协调性能的材料。

也就是说这种材料在生产的过程中对资源和能源的消耗量比较少，废弃后能够回收再生利用的可能性比较大，从生产使用到回收的全过程对周围的生态环境的影响也最小，因此，它可以称为"绿色材料"或者"生态材料"。

那什么样的材料才是环境材料呢？

一是环境协调材料，或者是传统材料的环境材料化，就是强调材料与环境的兼容与协调，使材料在完成特定使用功能的同时，减少资源和能源的用量，降低环境污染，如开发天然材料、绿色包装材料和绿色建筑材料等。二是环境净化和修复材料，这种材料包括各种积极的防止污染的材料，如分离、吸附、转化污染物的材料。

三是可以降解的材料，就是通过自身的分解减小对环境的污染。同时，科学家在材料科学的理论研究方面也更加注重"环境协调性"的研究。例如：在新材料开发中既研究材料本身的性能，又评估材料全生命周期的环境性能；既研究资源的使用效率，又研究生态设计理论。

可降解材料

韩爷爷，您能不能介绍几种有特点的环境材料呢？

首先讲一讲可降解材料吧！随着一次性塑料用品的大量使用，人们在享受便利的同时也给环境带来了大量的白色污染，这些塑料类制品在三四百年内都不会腐烂掉，成为一种"不会消失的垃圾"。

是呀！这些塑料垃圾的危害太大了。

为了解决这个问题，科学家研究了可降解材料，也就是在造成白色污染的塑料类制品中加入某些能促进降解的添加剂或者使用可再生原料，使材料本身具有降解性能，这样就可以大大减少白色污染。

那太好了，您能具体讲讲吗？

根据降解机理，可降解材料主要分为光降解材料、生物降解材料、光-生物降解材料等。光降解材料是在紫外线辐射和氧气的共同作用下，聚合物分子断裂，以达到聚合物碎裂的降解方式。也就是说光降解材料是一种可以在太阳光下进行降解的材料。

生物降解材料是在一定条件下，能被土壤微生物或其分泌物在酶或化学分解作用下降解的材料。理想的生物降解材料不但具有良好的使用性能，而且废弃后可以被环境微生物完全分解成水和二氧化碳。光-生物降解材料是结合光和生物降解作用，兼具光、生物双重降解功能的材料。

15 环境净化材料

韩爷爷，您能不能介绍一下环境净化材料呢？

环境净化材料可以有效地对环境进行净化和修复，主要用于处理大气、水体、土壤等的环境污染，包括污染吸附与净化材料、环境催化材料、水处理膜材料。

您能不能详细介绍一下？

污染吸附与净化材料主要是处理空气中的颗粒态污染物和气体态污染物，如粉尘、烟、硫化物、碳氧化物、氮氧化物、挥发性有机物、温室气体等。

科学家正在研究离子交换的高分子化合物，利用固定化合物来达成离子交换的目的。环境催化材料通常有较高的催化活性，能将浓度本来很低的污染物经过催化转化为无毒物；或者能在室温或不太高的温度下作业，以减少治理污染所需的能耗。

比如燃料催化剂可以通过完全催化氧化的方法使可燃性污染物完全转化成为二氧化碳和水，达到提高效率、减少污染的效果。水处理膜材料的基本原理是利用水溶液（原水）中的水分子具有透过分离膜的能力，而溶质或其他杂质不能透过分离膜，在外力作用下对水溶液进行分离，获得纯净水。

⑯ 处理信息的半导体材料

韩爷爷，现在电子设备使用越来越普及，这里面是不是也有新材料呢？

是呀！其中用于信息处理的半导体材料就是信息技术发展的核心。

半导体材料是什么呢？

在信息社会中，庞大的信息被转化为二进制数据，并通过大大小小的计算机和处理器进行计算处理。而它们内部的中央处理器实际上是由上亿个"开关"组成的超大规模的集成电路。这种"开关"被称为"晶体管"，而晶体管的基石就是半导体材料。顾名思义，半导体材料既可以是导体，又可以变身成为绝缘体。只需要改变一下外界的环境条件，比如环境温度、电磁场、应力等，就能让半导体在导体和绝缘体之间自由变化。

太神奇了！

半导体材料已经与现代工业社会密不可分，而且已经逐渐发展成为一个集合了化合物材料、有机材料、纳米材料在内的大家族。随着人们对纳米技术的熟练掌控，对纳米材料的不断深入研究，纳米半导体材料也得到快速发展。

纳米半导体材料又是什么呢？

纳米半导体材料是将硅、砷化镓等半导体材料制成的纳米材料，具有许多优异性能。这些特性在大规模集成电路器件、光电器件等领域发挥重要的作用。

存储信息的磁与光材料

韩爷爷，古代人们用竹简记录文字，后来人们用纸张记录文字，而现在信息都存在电脑里面，这里面有什么新材料呢？

信息存储在人类社会中一直扮演着举足轻重的作用。现在主要的存储手段有磁记录存储、光记录存储等。对应的也就有了磁存储材料、光存储材料。

什么是磁存储材料呢？

磁存储材料是指利用矩形磁滞回线或磁矩的变化来存储信息的一类磁性材料，由于其两种磁化状态很适于二进制的0和1两个数，并且通过磁电转换便于传输，故适于制作电脑中的关键部件——存储器。现在常见的材料包括软磁材料、永磁材料、矩磁材料、旋磁材料、压磁材料等，其中矩磁材料主要用作磁记录和磁存储技术。

什么是光存储材料呢？

光存储材料是借助光束作用写入、读出信息的材料。

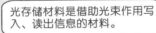

光存储材料又称为光记录高分子材料，写入时光盘的存储介质与聚焦的激光束相互作用，产生物理或化学作用，形成记录点，当光再次照射时形成反差，产生读出信号。光记录材料可以分为只读型光记录材料和读写型光记录材料。只读型光记录材料由光盘基板和表面记录层构成，用于永久性保留信息；读写型光记录材料由光盘基板与光敏材料复合而成，记录的信息可以在激光作用下改写。

18 新能源与复合材料

韩爷爷，新能源现在发展很快，有没有跟新能源有关的新材料呢？

有呀！新能源的发展必须依靠新材料才能得以实现。新能源材料主要包括核能材料、太阳能电池材料、燃料电池材料、新型二次电池材料。

您可以详细讲讲吗？

比如，在各种新能源材料中，核能材料是应用最为成熟的一种，新型核反应堆发电系统的迅速发展得益于核能材料的支撑。通常，核能材料泛指堆芯内结构材料和堆芯外结构材料。堆芯内结构材料是核电厂的核心；安全运行要靠特别耐辐照和耐腐蚀的新型结构材料才能得到保证，它既要满足经济性又要保证安全性；堆芯外结构材料在安全和性能上又比普通结构材料要求更严格。

那太阳能电池材料呢？

太阳能的利用包括光电转换和光热转换两大类。相应的，太阳能核心材料也可以分为太阳能光热转换材料和太阳能光电转换材料（光伏材料）。

太阳能光热转换材料必须在太阳光波峰值波长附近产生强烈吸收，而在热辐射波长范围内的辐射损失尽可能低。而太阳能光电转换材料主要是以半导体材料为基础，利用光生伏特效应，从而实现太阳能光电转换。用于太阳能电池的半导体材料需要满足带隙不能太宽、有高效光电转换效率、材料对环境不能造成污染、工业化性能稳定等条件。

新型储能材料

韩爷爷，还有什么跟新能源相关的新材料呢？

科学家正在研究新的储能材料。它不仅能存储能量，并且能使能量转化，以供需用。

什么是储能材料呢？

储能又称蓄能，是指使能量转化为在自然条件下比较稳定的存在形态的过程，比如植物通过光合作用把太阳辐射能转化为化学能储存起来。在新能源开发、转换、运输、利用的过程中，能量供应与需求往往存在数量、形态、时间上的差异，为了弥补这些差异，科学家研究出了一些存储和释放能量的技术，这样的技术称为储能技术，储能技术的关键就是储能材料。

都有哪些储能材料呢？

比如氢能被认为是人类的终极能源，其利用的重要环节就是储氢。科学家研究出具有很强捕捉氢能力的材料，在一定的温度和压力下，这些材料能够"吸收"大量氢气，同时释放出热量。

其后，将这些氢化物加热，它们又会分解，将存储在其中的氢释放出来。储氢材料如同蓄电池的充放电，是很好的储氢方式。此外，还有锂离子电池材料，包括正极材料、负极材料、电解液和隔膜等，随着新能源汽车、风能、太阳能及分布式电站技术的发展，锂离子电池的应用也越来越受到人们的关注。

20 灵感来自自然的仿生材料

韩爷爷，听说有很多新材料的设计灵感来自大自然呢？

自然界的生物经过亿万年的进化，逐渐形成了精巧优化的形态结构、经济有效的功能系统，以及可靠精确的控制和协调过程，从而能够完美地适应自然界的变化。自古以来，人类的许多发明创造都来自大自然的启示，仿生材料也是如此。

什么是仿生材料呢？

仿生材料是指模仿生物的各种特点或特性而研制开发的材料。通常将仿照生命系统的运行模式和生物材料的结构规律而设计制造的人工材料称为仿生材料，仿生学在材料科学中的分支称为仿生材料学，仿生设计不仅要模拟生物对象的结构，更要模拟其功能。

都有哪些奇妙的仿生材料呢？

仿生材料有很多种，用途也很广泛。

表面仿生材料是我们经常听说的，比如利用荷叶"出淤泥而不染"的自清洁效应原理，研究出的自清洁材料就是其中一种。现在还有更多仿生学研究成果应用到医疗健康领域，比如蚕丝仿生人工皮肤、仿生血管、仿生人工心脏等，都是仿生材料领域的最新研究成果。

超越未来的超导材料

韩爷爷，还有哪些新材料会对未来产生重要影响呢？

那就是超导材料了！通常按照材料的导电性能可以分为绝缘体、半导体和导体。科学家发现有一些材料，当它的温度降低到一定程度之后，它就会进入另外一种完全不同的物质状态——超导态，超导态物质的导电性能比导体更强大，实际上它完全没有电阻。

超导材料具有的优异特性使它从被发现之日起，就向人类展示了其诱人的应用前景，但要实际应用超导材料又受到一系列因素的制约。

什么是超导材料呢？

超导材料又称为超导体，是指在某一温度下，电阻为零的导体。在实验中，若导体电阻的测量值低于10~25欧姆，可以认为电阻为零。超导体不仅具有零电阻的特性，另一个重要特征是完全抗磁性和通量量子化。人们对超导现象产生了巨大的好奇心，并对超导体的应用怀有无限憧憬。经过多年的研究，超导家族越来越庞大，其成员逐渐囊括了众多的金属和合金超导材料、铜基超导材料、金属化合物超导材料和铁基超导材料。

超导材料有哪些应用呢？

高温超导材料制造电力缆线，将大大提高电力运输能力。超导电机可以让电机的效率远远高于普通电机。同时，超导磁悬浮列车、核磁共振、大型强子对撞机等领域都可以用到超导体。

22 自我感知的智能材料

韩爷爷，还有哪些更有趣的新材料呢？

我们常用的各种材料都是"死"材料，而随着科学技术的进步，一些"活"材料走进了我们的生活。

这太有意思了！

比如：我们身上穿的衣服可以随着气温变化而改变温度；房间里的玻璃可以根据阳光强度改变颜色；药物载体能够根据病情自动控制药物剂量和成分的释放；飞机的机翼可以感应到微小的裂缝而自动报警甚至自我愈合。这些听起来有些不可思议，但这都是智能材料给人们带来的好处。

那什么是智能材料呢？

智能材料是一种能感知外部刺激，能够判断并适当处理且本身可执行的新型功能材料。

智能材料是继天然材料、合成高分子材料、人工设计材料之后的第四代材料，是现代高技术新材料发展的重要方向之一，将支撑未来高技术的发展，使传统意义下的功能材料和结构材料之间的界线逐渐消失，实现结构功能化、功能多样化。科学家预言，智能材料的研制和大规模应用将开启材料科学发展的重大革命。一般说来，智能材料有七大功能，即传感功能、反馈功能、信息识别与积累功能、响应功能、自诊断功能、自修复功能和自适应功能。